自 序

时光的礼物

《圣经·新约：雅各书》中说：“一切美好的礼物，和一切优异的禀赋，都来自上苍……”是的，这是春天、鸟儿和土地送给我的礼物。我的目光越过阳光、河流、微笑、习俗……准确地发现，并把它小心地捧在手心！

春雪后的天空湛蓝如洗，使人心生昂扬向上的诸多欢喜。“阳春三月，花开鸟啼。”这是学生时代写作文时常用的句子。如今，真的听到了又一个崭新的

时光的礼物

三月向我走来的清晰足音。坐在温柔的春光里，我敲下这些美好的词语：翅膀、鸣叫、营巢、觅食、芦荡、荒野……春风荡漾，春水微澜，并悉数入驻心中。

爱，无须理由。爱，就是它本身。不由自主地，我沉浸在别样幸福的时光中，主动忽略了市井的喧嚣和纷扰。渐渐爱上人迹罕至的荒郊野外，爱上神态各异的飞行种群，爱上鸟语花香的具体生活。从此，在平静的日常生活中，我开始魂不守舍、坐立不安，心中竟自生出一份怀恋和惦念——或许，这是我早就应该过上的生活。它不仅让我确切地想起同一片蓝天下的鸟儿，更唤醒了我对尘世的种种爱恋：还没离开，已开始怀念——怎么，陡然生出一点“乡愁”？家乡盘锦辽河口湿地入选“中国最美的六大沼泽湿地”“国际重要湿地名录”，这美是人间的大美，我不应独自领受。

于是，应新世纪出版社的盛情邀约，这本书孕育、生长，如一只茸茸、怯怯的“幼雏”，而今，终于破壳而出了！我并不急着催生它，但冥冥中“恰恰”的“随缘”，让我感恩而感激，让我分外看重并用心珍存这份情意——以鸟雀之名，以冰洁的友情和浩荡的天空之名，一次振翅飞翔，一次快乐出发，就这样乘风而来，翩然而至。

聂鲁达说：“这种美是软的……”我愿意细心体认这美的“侵袭”和浸润，心甘情愿地臣服，慢慢地化成莹莹的一汪春水——我抬起头，为碧空中不停扇动的翅膀，也为止住盈眶的热泪……

“雨水”节气已经过了，没有雨，来的是雪。但是，它们是同一个种族。如同身形各异的鸟儿，都有着自由的天性和飞翔的愿景。“不同的嗓音，同一种歌唱。”看啊！群群鸟儿乘着风的翅膀，南迁北徙，翱翔于辽阔的天宇，音符一般散落于四野八荒，生动了沉寂一冬的北国之春。

清悠的乐音在耳畔回环，荡涤红尘，洁净身心。这大自然无须排演的精彩曲目，应时序而来，借光阴而生，不必急，耐心等——听惊心的婉转鸟鸣，如花瓣儿一般飘飘洒洒，缀满生命不尽的旅程。

情不自禁地轻轻推开窗子，我几乎看到又一个美妙的春天，再次君临欢腾的大地……

宋晓杰

2017年于辽宁盘锦

Contents
目录

Contents
目录

我的湿地
鸟类朋友

目标鸟种：

丹顶鹤

学名：

Grus japonensis

英文名：

Red-crowned Crane

保护级别：

濒危（EN）

丹顶鹤：湿地“女神”

全球共有15种鹤，我国有9种。在辽河口湿地，每年3月，残雪还未完全消融便早早回归的候鸟，便是丹顶鹤了。

在江苏盐城与黑龙江扎龙之间，辽河口湿地是丹顶鹤南迁北徙必经的中转站，相当于古代驿站，丹顶鹤可以在此歇歇脚，饮饮水，攒足精神，再继续北飞。但是近年来，每年约有50只丹顶鹤到达辽河口湿地后就住下来，不走了。它们在此安居营巢，生儿育女，过起有滋有味的小日子。因此，辽河口湿地便成为丹顶鹤最北的越冬地。

待它们安顿下来，就开始新生命的创造与孕育了。一个繁殖期，每对丹顶鹤大约只产卵2枚。可是，它们能否长成人见人爱的宝贝儿，还真不好说。也许亲鸟（丹顶鹤父母）夜以继日守候一个多月，满心欢喜、小心翼翼探头去看时，却发现巢穴中只有一只幼雏；另一只呢，或许只有空空的壳！一个本该鲜活的生命，竟然不知所终……丹顶鹤幼雏成活率极低，因稀少而更加弥足珍贵。

哺育同样艰难。出生几个小时后，丹顶鹤幼雏全身的水肿渐渐消退，就不需要亲鸟“扶持”了。可是亲鸟不放心，直到可以“放单飞”了，才把它们带出去“遛遛”。那时，幼雏大多站在父母中间——相当于小朋友与父母逛公园时的模样。

丹顶鹤是杂食性动物，它们除了以滩涂上的小鱼小虾为食之外，还吃一些草籽或玉米。丹顶鹤饱食后喜欢跳舞，常常情不自禁地拍打翅膀，引颈高歌。

丹顶鹤身着黑白相间的衣裙，红冠，高足，体态优雅。它们的鸣声清悠，穿透力极强，有一种神圣之感，闻之不免心生敬畏，真可谓湿地“女神”。它们是训练有素的“短跑”运动员，飞行前，很讲究助跑。但它们更是优秀的“长跑”健将，一天飞行七八小时、几百千米，根本不在话下。在飞行中，它们的队列呈钝角三角形。在俄罗斯南部，人们习惯把这种阵势叫作“鹤钥匙”——形状与农民自制的一种木钥匙相似。看看，人与鹤的亲密关系又近了一层——几乎同居一门了。

丹顶鹤警惕性极高，像懂得保护隐私的人，它们常常营巢在避风处或芦荡深处，且很细心地用陈年的干苇子铺好“床铺”。它们的巢，直径约为100厘米，相当阔绰。它们如特警一样警惕，觅食前后，都要仔细观察周边环境，然后再做出“出发”或“回巢”的决定。孵化结束后，丹顶鹤的巢就弃而不用了。因此，不管是它们的新居还是旧巢，你永远无法找到。仿佛过往的生活是完整的孤本，是它们独有的，无须同“外人”分享。

在我国历史上，丹顶鹤属一等文禽，被赋予忠贞清正、品德高尚的文化内涵。明清时期，一品文官的官服上就绣有丹顶鹤的图案，这是仅次于皇家专用的龙凤的重要标识。因此，人们也称它们为“一品鸟”。另外，丹顶鹤的寿命长达五六十年，人们常把它们和松树绘成“松鹤图”，作为长寿的象征。传说中的仙鹤，便是丹顶鹤。

[观察与思考]

丹顶鹤之所以被称为湿地“女神”，是因为它们不仅美丽、优雅，而且不卑不亢。如果谁胆敢轻慢它，它决不容忍。那次，我们在鹤园游玩，见一位女游客被一只丹顶鹤追得拼命地跑——原来，女游客用手里的凉帽多次挑逗丹顶鹤……动物是否和人类一样，也需要尊重呢？

目标鸟种：

白鹤

学名：

Grus leucogeranus

英文名：

Siberian Crane

保护级别：

极危（CR）

白鹤：春天奏响的铜管乐

与丹顶鹤相比，白鹤的身形要小些，体长一般为130～140厘米。我们来看看它们的标准照：站立时，它们通体白色，脸部和前额为鲜红色，嘴和脚为暗红色。飞翔时，它们的翅尖为黑色，其余部分的羽毛皆为白色。全身看起来洁净而清雅。

白鹤有时单独活动，有时成对或以家族为群活动。但是，在迁徙停歇时或在越冬地，它们常常结成几十只甚至上百只的大群。

白鹤是对栖息地要求很特别的鹤类，它们对浅水、湿地的依恋性很强，喜欢低地苔原、大面积的淡水和开阔的视野。它们大多在沼泽岸边或水深20～60厘米有草的土墩上营巢。它们的巢简陋，扁平，中间略凹，多是用苦草搭成，高出水面12～15厘米。

白鹤主要以一些植物的茎和块根为食，也吃水生植物的叶、嫩芽及少量蚌、螺、软体动物、昆虫等。觅食期间，它们常将嘴和头浸在水中，慢慢地一边走一边觅食，并时常小心地抬头观望周边的环境，稍有动静，便立刻飞走。每次采食的时间为20分钟左右。

白鹤于每年5月下旬或6月中旬开始繁殖，每次产卵2枚。卵呈暗橄榄色，钝端有大小不等的深褐色斑点。白鹤父母交替着孵卵，但妈妈会更辛苦一些，孵化期约为27天。幼雏70～75天后长出飞羽，约90天可以飞。不过，这期间它们面临的“风险”太多了，幼雏的成活率仅为三分之一。因为白鹤的幼雏攻击性强，较弱的一只常常在长出飞羽前被较强的幼雏攻击致死。白鹤属于国家一级保护动物，已被列入中国濒危动物红皮书“极危”等级。在导致白鹤濒临灭绝的众多因素中，栖息地的破坏和改变占60%的比重，人类捕杀占29%，外来引入种群的竞争、自身繁殖成活率低、环境污染等，也是重要因素。

在BBC纪录片中，我曾看到过这样的情景：一只白鹤，经过50天的飞行，从南非来到了它从前在俄罗斯民居的旧巢。雄鹤先期到达后，立刻开始打扫巢穴，整理羽毛。待一切收拾停当，雄鹤站在高处，深情地眺望着远方。与伴侣分别，足有8个月了……雌鹤终于出现了！它们鸣叫，嗑着长喙，以示欢喜和庆祝。然后，开始繁衍后代……

关于鹤的美景，我独爱鹤与浩浩芦荡相依相伴的那种。一只也好，三五成群也罢，仿若世间琴瑟和鸣的绝配：清朗，高蹈，弃世，绝尘，温暖而富有禅意。这种有精神、有风骨、有气节的景致，是心灵的营养，如美妙的音乐，充满诗意。春水，柔光，日影，周遭的一切都是欣欣然刚睁开眼睛的样子，向上的喜气、朝气，在身边萦绕……

白鹤鸣声清悠，仿佛春天的铜管乐。那天，与友人在荒野中见到白鹤，听到鹤鸣，心中不禁升起盎然的春意。然而，不知是我们的突然造访打扰了白鹤的休息，还是它们恰好正在练习飞翔，它们箭一般冲向苍穹，消失于天际，令我隐隐不安。不过，荒野之行因此多了几分生动：微风，暖阳，轻快的呼吸，纯净的色泽，甜美的微笑……似乎都跟随着它们奋飞的翅膀，慢慢地升到云朵之上，越升越高。

[观察与思考]

太极拳是我国的传统拳术，不仅能强身健体，还能修身养性。其中，“白鹤亮翅”是太极招式之一。可见，我国古人对白鹤的喜爱。你知道“白鹤”是怎么“亮翅”的吗？

黑嘴鸥：无言的告别

南小河不是一条河。南小河位于辽河口湿地最西端，紧临大凌河口，是黑嘴鸥的栖息地。深秋时节再次造访，是我们给黑嘴鸥行的又一次注目礼。

目标鸟种：
黑嘴鸥
学名：
Chroicocephalus saundersi
英文名：
Saunders's Gull
保护级别：
易危（VU）

身处南小河，很容易就把自己当作植物或鸟儿。声音在旷野中，飘来荡去，无根无依，仿佛已成为“身外之物”，还不如一根芦苇或一只鸟儿，更能直观地说明与土地的关系。

就这样，我们看到了要拜访的主人——还没来得及南迁的黑嘴鸥！三五只也好，一两只也罢，只要能见到它们，就没白来。最不能心安的，是鸟去巢空的景象：不见了它们大片大片“连营”似的巢穴；不见了它们先吃进去再吐出来，发挥反刍胃的功能，含饴弄儿，乐享天伦的场景；不见了冰雹、霹雳中，亲鸟用翅膀严严实实地庇护着小宝宝的动人画面……只剩下滩涂上凌乱散放着的枝柯，因为没有呼吸和鸣叫而失去意义。

一千多年前，诗人李商隐在后花园中养了5种珍禽，其中之一就有黑嘴鸥。传闻真假难辨。但说到最早认识黑嘴鸥的人，当数出海的渔民了。正如民谚所说的：“晚哇阴，早哇晴，半夜哇来天不明。”渔民们习惯地称黑嘴鸥为“导航员”。

早些年，没有雷达、卫星云图预测天气，渔民们就根据黑嘴鸥的叫声来判断：明天能不能出海？后天能不能捕鱼？在黑嘴鸥的“叫声”中，全能找到答案。所以，人们称黑嘴鸥为“神鸟”。也许，它们正忠实地传送着上帝的旨意。

没人知道黑嘴鸥到底是什么时候集体南迁的。但是，某一天、某一刻，你会忽然惊觉:“咦? 怎么一只黑嘴鸥都不见了? ”它们神秘地消失，让爱它们的人连用目光告别的机会都没有! 这和人与人之间无言的分别是不是异曲同工? 怅惘之情油然而生。

后来，人们约略知道，黑嘴鸥总是在中秋节前后的夜里悄悄踏上征程，但终究无法准确地发现它们的任何迹象——天空中没有留下鸟的痕迹，但它们已经飞过……

黑嘴鸥是最早“南迁”的鸟群之一。当人们斟满美酒，荡漾笑容，分享丰收的喜悦时，它们像低调、懂得分寸的人，于热闹的高潮无声地退席了——也许，这样会使别人的喜庆更完整些……

黑嘴鸥因辽河口湿地而快活，辽河口湿地因黑嘴鸥而享有盛名。在那一方丰饶而神秘的土地上，保存了多少自然的秘密、人与鸟的秘密。

请来看一看，辽河口湿地创造了多少个黑嘴鸥的“世界之最”：世界上黑嘴鸥种群数量最大的栖息地（大约有8 000只，占世界总量的绝大多数），世界上最大的黑嘴鸥繁殖地，世界上黑嘴鸥营巢密度最大的繁殖地，世界上黑嘴鸥居留期最长的栖息地（每年3月回归，10月迁离，居留长达7个月之久）……

我曾写过一部儿童长篇小说，名字叫《乘着风的翅膀》——希望，永在黑嘴鸥高翔的翅膀上。

[观察与思考]

有人说黑嘴鸥像“黑脸包公”，有人说它们像正在行动的“特工”，有人说它们像戴着黑色泳帽的小伙伴。它们小的时候，又像乡下老伯挑着担子来早市上叫卖的小鸡雏。你觉得它们像什么？

目标鸟种：
须浮鸥
学名：
Chlidonias hybrida
英文名：
Whiskered Tern
保护级别：
无危（LC）

须浮鸥：我的世界黑白分明

在鸟类传统分类系统中，世界上与黑嘴鸥一样属于鸥科的鸟类共有95种，比如银鸥、红嘴鸥、鸥嘴噪鸥、贼鸥、须浮鸥等。今天，我们来说说须浮鸥。

须浮鸥体长25厘米左右，是体形略小的鸥类，灰、白相间的羽翼，仿佛它们本身就是一幅清清浅浅的水墨画。看过在水面上衔枝营巢的须浮鸥，觉得这名字是不是与它们的巢浮在水面上有关呢，站在上面一定有不稳定之感——须（虚）浮着嘛。

须浮鸥的巢搭在苇田浅水处芦苇稀疏的地方，且浮在水面上——并不是“浮”到“漂流瓶”的地步，悠悠荡荡去了远方，而是用苇秆或干草一层层从水面下搭到水面上，并与水中的植

物紧紧连接着，轻易不会被大风吹走、被大浪卷走。“工程”不算浩繁，但确是“优质工程”，而不是“烂尾楼”。而且，经常十几个甚至几十个浮巢毗邻而居，各有各的领地，从整体来看，像一个既疏离又团结的小小村落。

但是，对摄影师来说，拍须浮鸥的巢可是不小的考验。为了不影响须浮鸥的正常生活，又可以拍得逼真，摄影师的拍摄必须在水中进行，在水中泡十个八个小时是常有的事儿。

那天，我们本来是去拍戴胜的巢，却无意间看到迎面飞来的须浮鸥，一只又一只——附近一定有须浮鸥的巢！

果然！不远处，有四五十只须浮鸥在水面上下翻飞。水面四周，足有一米多高的芦苇形成密闭的环状，营造出一个安谧之所，像神秘的四合院。须浮鸥正在各自的巢上安歇：有的在专心致志孵化；有的衔枝补巢；有的在戏水游玩；有的觅食归来，为兢兢业业伏在蛋上“值班”的“爱侣”送来鲜美的餐食……

我本无恶意，只是想近距离地拍下这和美的景象。可能，很轻的关车门的声音也被它们听到，几十只警觉的须浮鸥腾空而起，并发出刺耳的鸣叫，虎视眈眈地静观我的反应，做足了“战斗”准备。有一只特别厉害的家伙，竟三番五次威胁我，还飞到我的头顶，企图用尖嘴啄我。我真怕它使出最恶毒的“武器”——自制“空投炸弹”——拉屎！

看到了吧？须浮鸥真像它们的长相——黑脸包公：黑白清明，爱憎分明。于是，我提着相机，仓皇逃跑，只好隔着车窗与它们“亲密接触”。

说起须浮鸥的“团结协作”，让我想起另外一件事。

有一次，一只幼鸥不慎落入水中，当时，亲鸟不在身边。正值幼鸥危在旦夕之际，其他巢中的两只大鸥发现了险情，它们立即飞到幼鸥落水的上空，鸣叫不止。叫声就是命令。顷刻间，从四面八方聚集而来的须浮鸥足有几十只，它们拍打着翅膀，形成排列有序的倒三角形——为什么是倒三角形，直到现在，我也没弄明白。就这样，在群鸥的帮助下，两只大鸥终于把落水的幼鸥衔上岸。幼鸥平安了，聚拢而来的须浮鸥，才放心地散去……

[观察与思考]

须浮鸥是警惕性较高的鸟类，哪怕是人类无意间涉足它们的领地，它们都会立刻发起攻击。请问，它们用什么“武器”攻击？你知道它们最“恶毒”的武器是什么吗？

目标鸟种：
大天鹅
学名：
Cygnus cygnus
英文名：
Whooper Swan
保护级别：
无危（LC）

大天鹅：风雨擦亮了翅膀

每年春天，大天鹅都要从山东荣成向北迁徙，途经辽河口湿地时，休整一个月左右，然后再继续飞往内蒙古。

怎么知道大天鹅来自荣成？是它们身上的水锈透露了秘密。荣成的海边长着一种海草，正是大天鹅喜爱的食物。它们不顾“吃相”，忘我地吃着海草，久而久之，大天鹅的羽毛就蹭上了水锈的颜色。大天鹅还喜欢吃水菊、莎草等水生植物。真是难以想象，吃素食还能长得那么健壮。

大天鹅很有安全意识，它们很少在陆地上逗留，而是降落到苇田中较宽阔的水面上，张开像船甲板一样的蹼，先稳稳地着水，再平衡身体，缓慢落下。那气势，真像一艘艘小航母。

大天鹅的集体观念非常强，虽然迁徙途中偶尔以家庭为单位活动，但晚上休息时，它们会集中在一起，互相照应。

大天鹅还特别讲究民主，起飞和降落都要由“头领”向它们征求意见：“怎么样孩子们，我们可不可以起飞？做好准备了吗？先试试你们的翅膀好吗？”待大天鹅们同意后，它们还要整理队形，然后，“头领”点头示意，高声鸣叫，队伍才能隆重地启程。

大天鹅的羽毛非常丰厚、细密，全身的羽毛有2万多根。所以，大天鹅在 −48～−36℃的低温下露天过夜，也能安然无恙。

大天鹅是世界上飞得最高的鸟类之一，其最高飞行高度可达9 000米以上。它们能飞越珠穆朗玛峰，不会有撞到陡峭冰崖上的危险。

大天鹅稳健、平和，它们一直都是这样慢慢悠悠、宠辱不惊的模样吗？其实不然。在繁殖期，大天鹅也会换上“凶狠的面目”，对“来犯之敌”毫不留情。

大天鹅是天生的“忠贞之鸟”，一旦一方不幸死去，另一方便日夜哀鸣，宁愿孤独后半生，也不肯重组家庭，终生单独生活。

相传，在青海湖里生活着一对天鹅。一年秋天，雌鸟不幸死去，雄鸟一直默默地守着雌鸟的尸体，不离左右。当人们把雌鸟抬走时，雄鸟悲鸣不已，在空中盘旋着，迟迟不肯飞走。第二年春天，人们惊喜地发现，那只雄鸟又飞回原处来悼念“亡妻”——那悲伤，那情感，那忠贞，分明是人类的……

不知为什么，一想起黑天鹅、野天鹅，就会有一种无法排解的孤独感、悲伤感——但是，它们的孤独与悲伤，也是尊贵的。在西方国家，天鹅是高贵、纯洁的象征。在我国，它同样是端庄优雅、仪态万方的水禽，具有王者的气度和尊严。

[观察与思考]

我国古代称大天鹅为鹄、鸿、鹤、鸿鹄、黄鹤等。许多地名中还包含着鸟类的名称，比如雁门关、黄鹤楼等，有些地方至今还是候鸟迁徙的重要通道。

伟大的作曲家柴可夫斯基的《天鹅湖》是风靡世界的芭蕾舞剧，它的内容是什么？

目标鸟种：

东方白鹳

学名：

Ciconia boyciana

英文名：

Oriental Stork

保护级别：

濒危（EN）

东方白鹳：凯旋的英雄从天而降

东方白鹳属于大鸟，春、秋两季在辽河口湿地中转，最多的时候可以驻留两个多月。但是，它们到底从哪儿来、到哪儿去，一直无人知晓——大有来无影、去无踪，纵横驰骋、笑傲江湖的侠士气概。也许，“英雄”本不必问寻“出处”。

摄影人多年来爬冰卧雪，仔细观察，才得出这样的结论：每年秋天，当第一场小雪飘过，天气晴好的时候，东方白鹳便像一架架滑翔机姗然而至了。一时间，密密麻麻，铺天盖地，场面宏大、壮观，令人震撼。近距离观看：它们借助上升的气流在空中慢慢滑翔，翅膀几乎静止不动，小心翼翼地侦探好适合降落的地点再徐徐落下，如凯旋的英雄！

在空中，东方白鹳的身姿优美而劲健，双翅的飞羽和尾部闪着金属的光泽，像汽车在阳光下泛着的光芒那样耀眼。是的，东方白鹳是刚性的，像旷达、干练的男人。

我们不妨来认识一下东方白鹳：它们身着黑白相间的羽翼，足蹬红色战靴，黑中带红的长喙。眼周呈红色，并有一条红线连着长喙。它们素雅、整洁、英武、大气，着装简约，并不像其他鸟儿那样花里胡哨，这儿一条肉冠、发辫，那儿莫明其妙鼓个大包。它们的全身只有红、白、黑三种颜色——即便按照国际惯例，也算得上穿着考究、品位高雅了。但是，东方白鹳飞行前却特别有意思：它们要在地上奔跑一段距离，然后，再扇动翅膀，扶摇直上。

东方白鹳常成对在柳树、榆树和杨树上营巢，也曾被发现在高大的松树和房顶上营巢。

东方白鹳纪律严明，集体活动忙而有序。比如觅食，像“拉网式”排查，它们要排排站好，“大嘴”在水中不停地搅动。瞬间，

再清亮的河水也会被它们搅浑了。不过，这可是它们特有的捕食绝技——浑水摸鱼。因为缺氧，鱼儿不得不冒着生命危险露出水面呼吸，谁知却正因此丢了性命。于是，东方白鹳以迅雷不及掩耳之势，一口一条，一口一条，大快朵颐，吃得尽兴呀！直到吃得肚鼓腰圆，才肯罢休。如果遇到大鱼，无法一下子吞掉，东方白鹳就会运足气力，用长喙叼起大鱼，用力甩到岸上。小鱼“收拾”完之后，更为隆重的饕餮大餐便开始了——晕头转向瘫软在岸上的大鱼，还没缓过神儿来呢，就被蜂拥而上的“食客”快乐地分而食之了。

所有这些，既是鸟类繁衍生息的本能的生存状态，也是自然欢歌的动人乐章。

在深秋的芦苇荡中，我们会看到：在天空、滩涂、水面，成群结队的东方白鹳，它们或飞，或立，或扎在浅水中觅食，悠闲，自在。它们的翅膀似黑白分明的琴键，于起起落落间，弹奏出属于丰泽湿地、浩瀚芦荡的秋野离歌——那正是丰沛的大地上，雄浑、动人的另一首“英雄赞歌”。芦花轻扬，阳光灿烂，风吹草动，云卷云舒，一个物我两忘、和美静好的美丽天堂，就在身旁。

[观察与思考]

位于黑龙江省的农垦建三江分局，因境内的洪河国家级自然保护区是东北亚候鸟的重要停歇地和繁殖地，被中国野生动物保护协会授予“中国东方白鹳之乡”的称号。除此之外，你知道东方白鹳在我国还有哪些栖息地吗？除了辽宁和黑龙江，你知道还能在我国的哪些地方看到东方白鹳吗？

目标鸟种：

白琵鹭

学名：

Platalea leucorodia

英文名：

Eurasian Spoonbill

保护级别：

无危（LC）

白琵鹭：优雅的天使

单从外表来看，白琵鹭比东方白鹳更洁净、更清纯，它们全身只有黑、白两种颜色——如果脑后的冠羽和琵琶嘴尖端的微黄色可以忽略不计的话。白琵鹭更为质朴、清丽、隽秀、纯净，“飞鸟美人”的美称不知是谁给的，荷兰认它为国鸟，还是配的。

每年5–7月，是白琵鹭的繁殖季节，它们会选在水草或芦苇的深处营巢、产卵。雌鸟产卵后，“任务”就完成了一半。等待的日子里，白琵鹭丈夫会主动当上“住家男人”，与白琵鹭妻子共同完成孵化这件重大的“希望工程”。它们分工明确，上午、下午倒班，夫妻各孵半天。为了下一代嘛！准爸爸、准妈妈不知疲惫地扳着指头，倒数着亲爱的宝宝出生的日子：25、24、23、22……对！只要24～25天就够了！它们每天都兴冲冲地数啊数，开心得要命。

白琵鹭夫妻来“交接班”时，还不忘顺路叼回一截树枝或几缕软草，为巢穴加固、保温。夫妻见面，还要相互梳理一下羽毛，亲密几分钟。但是，白琵鹭的繁殖非常隐蔽，很少有人见过它们的巢穴。只有工人在收割芦苇时，见过它们的巢。

白琵鹭警惕性极高，不论觅食还是休息，基本都在水里。即便是休息，它们也要选择开阔水面浅水区的中心位置，如果遇到紧急情况，便有回旋的空间和余地。

白琵鹭不喜欢离群索居，它们总是几十只或上百只一起集群，凡事统一行动，步调一致，少有调皮捣蛋的。不管有多少只白琵鹭，它们都要一字排开，迎风而立。而且，无论何时何地，总有一两只白琵鹭站岗、放哨。稍有风吹草动，岗哨会通知白琵鹭大群迅速飞离水面，集体撤退。再次降落时，还要在预选的栖息地盘旋几次。当确认“平安无事”后再降落。飞行前也一样。它们从不会急急忙忙扇扇翅膀说飞就飞，而是从你的头顶飞过，仔细观察一下再做决定。起飞后，白琵鹭的队形非常好看，或如波峰浪谷，或纵横交错，很有美学特质。

白琵鹭的嘴巴奇大，因而为它们赢得了“大嘴食客”的绰号。它们的嘴巴上下扁平，像铲子或匙子。但是，觅食对它们来说，不仅有相当的难度，更带着几分盲目。觅食时，它们会选择苇田深处的小水沟。它们不是看到食物后再捕获，而是没有目标地在浅浅的水面上，边走边将张开的嘴伸入水中，像探雷器那样，来来回回地“扫荡”，碰到小鱼、小虾等，就立即“拿”下！

白琵鹭极为稀少，因而极为珍贵。随着时光流逝，它们可能会越来越稀少而珍贵。真不敢想象，若干年后，湿地还“湿”吗？白琵鹭还“白”吗？这取决于谁？但愿我们眼中、心中，不会真的变成“白茫茫”的一片……

当你把整个天空都给了这些可爱的美人儿，瞬间，它们就“融化”了，与天空融为苍茫的一色。你欢喜的心，也随之慢慢地润开，乘着翅膀，飘向远方……

[观察与思考]

美丽的动物和美好的东西，人们都喜爱。这不，白琵鹭原来是荷兰的国鸟啊！

白琵鹭的嘴极像琵琶，因此得名。白琵鹭长得很像黑脸琵鹭。你想亲眼看看黑脸琵鹭到底长什么样吗？

目标鸟种：
大白鹭
学名：
Ardea alba
英文名：
Great Egret
保护级别：
无危（LC）

大白鹭：
可以叫你“长腿美人儿”吗？

白鹭按照体形的大小，可以分为大、中、小三种。大白鹭，就是其中最大的那种。大白鹭又名白鹭鸶、鹭鸶、白漂鸟、大白鹤、白庄、白洼、雪客等。还没看到鸟呢，听听这些名字，就挺舒服吧。

大白鹭成鸟的夏羽全身为乳白色，鸟喙为黑色，头有短小的羽冠，肩上长有长长的蓑羽。大白鹭成鸟的冬羽背上没有蓑羽，头上也没有羽冠，虹膜为淡黄色。

大白鹭常常单只或结成十余只小群在一起活动。不过，有时在繁殖期间，也可以看到300多只的大群聚集一处，偶尔还能看见它们和其他鹭种混群。大白鹭主要在水边浅水处觅食，以直翅目、鞘翅目、双翅目昆虫、甲壳类、软体动物、水生昆虫及小鱼、蛙、蝌蚪、蜥蜴等动物性食物为食。它们一边觅食，一边慢腾腾地走，是十足的慢性子。站立时，习惯把头缩到背上，呈“S”形，缩脖端胛像个驼背人，怕谁似的，心里没底的样子。

你以为它们老了吗？至少，它们是跑不动了吗？

那你太幼稚了！才不是呢！

白天，大白鹭的行动极为谨慎小心，遇到人马上飞走。刚飞行时，它们的翅膀扇动得比较笨拙，双脚悬垂着，一点儿也不灵活，确实像行动迟缓的老年人。但是，当大白鹭达到一定的飞行高度之后，它们就会变得异常灵巧——双脚绷直，远远超出了尾部，动作像体操运动员那样，标准极了。它们从容不迫，悠然淡定——你看，大白鹭可是标准的长腿美人儿呢！

“两个黄鹂鸣翠柳，一行白鹭上青天。”诗情画意，跃然纸上。大白鹭洁白的羽翼，像白色的折扇，如果配上蓝天、绿苇、碧水，真是一幅赏心悦目的清新画卷。

大白鹭栖息于海滨、水田、湖泊、红树林及其他湿地。大白鹭喜欢在比较高大的树上、芦苇丛中营巢，多集群营巢。有时，在一棵树上有数对到数十对巢。大白鹭通常是由雌、雄亲鸟共筑“爱巢”。它们的巢比较简陋，往往是由枯枝和干草构成的，有时，巢里垫上一些柔软的草叶，相当于床垫了吧。

大白鹭的冠羽和蓑羽是在繁殖期所生，俗称白鹭丝毛，很早以前就远销世界各地，不少贵妇人帽子上飘来荡去的那些装饰之

物，就是来自于大白鹭的羽毛。后来，鹭羽又演变成了东方礼服上贵重的饰品。由此可见，国籍与肤色不是障碍，人们对美的追求和认知，大致相同。

目前，大白鹭可以成对或成群饲养了。它们对人类的贡献，兼具物质与心灵两方面。我常常幻想：如果我是春秋时鲁国的公冶长多好！那样，就可以听懂鸟语了！这样我就能听听它们的心声，听听它们开心、悲伤的理由。

[观察与思考]

大白鹭不仅是“长腿美人儿”，还是“长脖子美人儿”，走起路来气定神闲的样子，像不像舞蹈班的女同学？女同学说什么话，你能听懂。但是，鸟儿说什么话，相传只有公冶长能听懂——你知道公冶长是谁吗？

目标鸟种：
小白鹭
学名：
Egretta garzetta
英文名：
Little Egret
保护级别：
无危（LC）

小白鹭：纯洁的天使

小白鹭，即我们前面提到的大、中、小白鹭中的小白鹭，体形小，身形纤细。

小白鹭又名白鹭、白鹭鸶、白翎鸶。体长为52～68厘米。嘴和脚较长，为黑色。趾为黄绿色。颈长。全身白色。夏羽枕部着生两条狭长而软的矛状羽，像头后梳着的两条细辫子；肩和背部着生羽枝分散的长形蓑羽，一直向后伸展至尾端；前颈下部也有长的矛状饰羽，向下垂至前胸。冬羽全身为乳白色，但蓑羽消失了（个别前颈矛状饰羽还留有少许）。

小白鹭以小鱼、黄鳝、泥鳅、蛙、虾、水蛭、蟋蟀、水生昆虫和少量谷物等为食。它们胆大，不怕人。

觅食时，小白鹭常常将脚伸入水中搅动，然后，再捕食受到惊吓的鱼。平时，它们会一只脚站立在水中，另一只脚曲缩于腹下，头缩到背上，呈驼背状，长时间呆立不动。行走时，步履轻盈、稳健。飞行时，头往回缩至肩背处，颈向下，曲成袋状，两脚向后伸直，远远突出于尾后。小白鹭喜集群，白天时，常常结

成三五只或十余只的小群飞往觅食地。傍晚时，结成大群飞至栖息地附近的水田、小块密林中的高大树木顶部、庭园树林栖息。有时，它们还会与夜鹭、牛背鹭一起栖息。

小白鹭于繁殖期会发出“呱呱”的叫声。其余时间，皆寂静无声。小白鹭的繁殖期在3—7月。在繁殖前一个月，已结成对。它们通常会在高大的树上结群营巢，有时甚至200多对白鹭和150对夜鹭同时在一棵黄桷树上营巢。巢距离地面15～20米。营巢由雌、雄亲鸟共同完成。雌鸟留在巢边，雄鸟外出寻找“建筑材料”——别说，雄鸟还真有点儿男子汉的派头。

有时，小白鹭也会就近强占同一棵树上的喜鹊巢，并将巢拆掉，重新营建自己的巢。它们的巢结构简单，呈浅盘子状，由枯枝、草茎、草叶构成。有时它们也会在苇丛中的地上和灌木上营巢。它们每窝产卵3～6枚，雌、雄亲鸟轮流孵化25天。雏鸟出生时，没有羽毛，不能调节体温。因此，雌、雄亲鸟要轮流抱窝，为雏鸟保温、遮阴——真是爱心满满的画面啊。

小白鹭的冠翎很漂亮，具有较高的饰用价值。过去，因为任意猎取，使它濒于绝种。现在，国家对小白鹭的保护力度加大，已经明令禁猎。

每年，当大地解冻之时，心中总有到野外走走的冲动：看看亲爱的草们、树们是否苏醒；看看河水是否日夜不停、一个劲儿地奔流；看看南迁北徙的“英雄们”是否如期归来；看看又有什么样的新生与希望，正迎面而来……

于是，在阴冷、干枯的荒野上，我们便是春天里的早行人。不过，鸟儿比我们更早！是的，它们是春天的信使。接着，虫子翻身，蚯蚓松土，草长莺飞，花团锦簇。又一幅迷人的湿地风光图，等着大自然重新拿起画笔，开始描绘。

[观察与思考]

小白鹭，别名为春锄、雪客、白鹭鸶、鸶禽、白鸟、白鹤、极小白鹭、丝琴、一杯鹭……仔细读一下，多么美丽、可人的名字！每个名字是不是都像一位身穿翩翩白色纱裙的小女生？仿佛，一只鸟就可以成为一支迷人的舞蹈队了。

目标鸟种：
夜鹭
学名：
Nycticorax nycticorax
英文名：
Black-crowned
Night Heron
保护级别：
无危（LC）

夜鹭：忧心成灾

夜鹭的学名来自希腊语，意为“夜鸦”，因为它一般都在夜间活动，而且最常见的一种夜鹭的叫声类似乌鸦，因此得名。夜鹭，又叫黑冠夜鹭、夜鹰、夜鹤等。

不论是外在的相貌，还是生活习性，鹭类都不尽相同。比如：白鹭清爽，白琵鹭优雅，苍鹭绅士，牛背鹭热心，草鹭像“独钓寒江雪”的老翁。而夜鹭是属于夜晚的，白天对于它们来说，形同虚设。

夜鹭常常隐蔽在沼泽、灌木丛或林间，只等夜幕四合、万籁俱寂之时，活力才会重新回到它们体内。黎明前，它们又回到隐蔽的树丛中，休息去了。真是一群典型的“夜猫子”，可不可以称它们为鹭中“猫头鹰”？

夜鹭有时与白鹭、苍鹭、牛背鹭、池鹭等同时出现，相当于平时玩得好的小伙伴。一般情况下，夜鹭会缩颈长期站立，或梳理羽毛，或在枝间走动，如果没有受到外界的干扰或威胁，它们都懒得动一下。只有有人走到跟前时，它们才会突然从树丛中冲出来，一边飞一边叫，叫声单调而粗犷。

夜鹭捕鱼的方法很有特点。对于较小的鱼来说，它们会用尖尖的、硬硬的上下喙紧紧夹住。对于稍大一点儿的鱼，它们则会利用上喙先刺透鱼的身体，并同时将上下喙合拢，牢牢夹住猎物。夜鹭的眼睛有特异功能。每次捕鱼时，头入水的一刹那，它们眼睛的瞬膜（第三眼睑）便迅速遮住双眼，以避免遭到意外伤害和水的污染。出水后，瞬膜则立刻收回，恢复正常情况下的良好视力。

夜鹭营巢，对树枝的要求很高，随便捡到的不行，必须用树上新折的，以保证巢的牢固性。在孵化和育雏时，两只亲鸟在巢边相遇，都高耸着颈部羽毛，相互致意，很有相亲相爱的样子。要观察夜鹭喂食，则需要耐心和运气。夜鹭的繁殖成功率极高，它们通常每窝产卵4枚，能成活3只——这给我们带来的隐忧，如夜鹭背羽的深色，令人不安。

多年来，我们时常听到关于“夜鹭成灾”的报道。因为夜鹭数量激增，它们在林间的巢格外密集，有时一棵树上有几个甚至几十个巢。夜鹭的叫声尖利，聒噪，且食量较大。除了吃完自己“那一份”之外，它们还会抢中白鹭、小白鹭的食物。于是，粪便

随处可见，对环境造成了严重污染。有时，找不到食物，夜鹭还借着黑夜的掩护，忍不住去池塘“顺嘴牵鱼”，令养鱼人防不胜防，非常苦恼。再加之，它们的天敌老鹰、黄鼠狼等动物锐减。所以，“成灾”之说便在所难免了。

曾有相关权威人士呼吁，应该适当捕杀夜鹭，以避免上述问题的发生。同时，利用它们有利的一面，造福人类。比如，夜鹭的肉有解毒功效，药用价值很高。但是，必须在医学专家的正确指导下服用。

[观察与思考]

湿地，被誉为“地球之肾”。1971年2月2日，来自18个国家的代表在伊朗南部海滨小城拉姆萨尔签署了《关于特别是作为水禽栖息地的国际重要湿地公约》(简称《湿地公约》)。为纪念这一创举，提高公众的湿地保护意识，1996年《湿地公约》常务委员会第19次会议决定，从1997年起，将每年的2月2日定为世界湿地日。数一数，今年已经过了第几个世界湿地日?

苍鹭：用一生的时光，为你等候

苍鹭以“懒”出名。在鸟类中，说不定它们可以算上“懒汉之最”了。所以，苍鹭为自己赢得了“老等”的“美名”！老等、老等——老在那儿等着，哪儿也不去。

在浅水的岸边，苍鹭可以专心致志地注视着水中的游鱼多时，然后，伺机快速地伸出长脖子，一“嘴”捕获！苍鹭捕鱼的动作可以用“神速”来形容，但是，等候的时间也很煎熬。它们“守河待鱼”的“注视”需要多久？——当然以捕到鱼为准了。

可谁知道到底能不能捕到鱼呢？大约只有苍鹭知道。看来，这种省时、省力的事儿，只有苍鹭想得出、做得出。

苍鹭捕到大鱼后，会先将鱼在岸上狠狠地摔死，然后，再慢慢吞食。吃鱼时，苍鹭也是耐心十足的样子。它让鱼头先入口，以免被鱼鳍刺伤。食物中不能一下子消化的部分，它会吐出来——不温不火，像个老绅士那样，进食时掖掖餐布，沾沾纸巾，从不狼吞虎咽。

苍鹭在飞行时，长颈也会收缩成“S”形，总有点儿底气不足似的，呈现出瑟缩和老迈之态。飞行时，常会发出低沉、粗哑的“哇、哇”声。叫声从伸缩自如、折叠如风琴的长脖子里传出来，与胸腔产生的共鸣，和它们阅尽人生百态似的身份，极其相符。

有一年深秋，我们本意是去南小河看看黑嘴鸥是否已回南方的家——温州，却意外见到一只苍鹭。那时节，能见到的鸟儿并不多了，候鸟大多都已南迁或正在秘密准备南迁。四野只有日渐干枯的茫茫苇荡，随着乍起的秋风哗哗啦啦地喧响着，再就是大片空旷的荒地了。

“苍鹭！”不知谁喊了一声。我眯着眼睛也没用，那距离足够远。戴上近视眼镜才看清，我们的正前方有一只缩着脖子的苍鹭，

正痴痴地站在清溪的浅水处，如一棵芦苇，不摇，不晃，甚至比芦苇站得更稳。它一动不动地注视着眼前那一小片水面，不急，不躁，没半点脾气的样子。对于所有需要付出时间和耐心来处理的事儿，苍鹭都能做到心如止水。

一娘生九子，九子各不同。同胞兄弟都千差万别，鹭当然也不例外。同样是鹭类，白鹭飘逸、清秀；白琵鹭纯美、优雅。而苍鹭，却不！一看苍鹭那身装扮，总觉得它跟谁打过架、斗过狠，刚刚带伤退下战场来。其实，苍鹭几乎没有天敌。或许因为它们矮小、单薄而不够挺拔、潇洒，自知在模样上不占优势吧。好吧！用一生的时光，为你等候——只能靠耐力这种好品质，赢得美名了。

[观察与思考]

苍鹭为什么叫“老等”？它总是那么懒洋洋、慢腾腾吗？捕鱼的时候也如此？从苍鹭那儿，你得到了什么启示？

目标鸟种：

凤头䴙䴘

学名：

Podiceps cristatus

英文名：

Great Crested Grebe

保护级别：

无危（LC）

凤头䴙䴘：幸福，就像我看到的那样

凤头䴙䴘身形比较圆，像鸭子，但它们的翅膀短而窄，尾羽退化为绒羽，看起来像没尾巴似的。凤头䴙䴘的嘴，细而尖，人称“尖嘴鸭”。如果忽略它们头、颈的羽毛，它们确实像鸭子。但是，那么漂亮的羽毛，怎么能忽略呢？取名“凤头”正缘于此。

你看，凤头䴙䴘的头上包着枣红色滑爽的“真皮围巾”，前额直立的羽毛像人的发帘，那种华贵感、威仪感让我想起十七、十八世纪出没于华丽殿堂的贵妇人们。它们慢慢地转动身体，“凤头”如一道屏风，使它们的气度、尊严、神秘又增加了几分。如此看来，这名字倒也贴切、形象。

凤头䴙䴘多见于湿地的池塘、苇丛，那里丰富的鱼、虾资源，可以让它们随时痛痛快快地饱餐一顿。我曾亲见凤头䴙䴘与一条红尾鲤鱼交锋。鲤鱼很大，凤头䴙䴘要用细长的嘴横着紧紧夹住它。经过近半个小时的肉搏战，“凤头”最终还是制服了鲤鱼。凤

头䴙䴘游泳、潜水的技能十分了得，尤其是潜水捕食，凤头䴙䴘简直“嘴”到擒来。

凤头䴙䴘营巢在芦苇丛、水草丛中，是浮巢，悠悠荡荡，真正的“梦里水乡”。它们每窝产卵4～5枚，鸭蛋大小，外形也与鸭蛋极其相似。

说起产蛋，特别有趣。有一次，透过稀疏的苇丛，我看见两只凤头䴙䴘正在巢上尽情享受阳光下的美好生活。不一会儿，却发现其中的一只凤头䴙䴘，在巢上走来走去，样子不安而胆怯。另一只浮在水中，看着爱侣处在“危难”中，手足无措，只能呆望着。这时忽见一枚蛋轱辘辘从凤头䴙䴘雌鸟尾部滚落下来。瞬间，它们都轻松了……

如果说，能拍到凤头䴙䴘产卵是偶得，那么，拍到凤头䴙䴘夫妻交欢，更是可遇不可求。当雌雄双方过了审视、考察、考验

关，达到彼此相吸、相悦时，它们便会互相展示各自最美丽的一面——在水中，它们头顶和胸部光亮而鲜润的羽毛全部打开，双方深情凝视，摇头晃脑，幽默而滑稽。情到深处，它们还会摆出各种各样的姿势吸引、挑逗对方。情到浓时，它们还会跳起激情四射的舞蹈，差不多相当于伦巴、探戈之类。它们一起潜入水中，搅得水花激荡，四处飞溅。转瞬间，它们不知从哪儿衔来一把湿湿的干枯水草，各自把水草叼在嘴中，并大幅度地做出一些高难度的舞蹈动作，作为献给心仪恋人的礼物……“疾风暴雨”过后，它们亲密无间，双双返回新筑的爱巢……

那天，在一条小河渠中，我还看到一只凤头䴙䴘驮着两只幼雏在水中游弋，另两只稍大一点儿的小家伙像水中护卫，前后跟随着。两只幼雏像“贴”在凤头妈妈的背上一样——如果给它们一张相框，再取个标题名字，应该叫“依恋”。我正望着出神，却见凤头爸爸嘴里叼着什么食物，向它们母子游去。接近后，凤头

爸爸便嘴对嘴把食物喂给凤头妈妈背上的小宝贝。然后，又转身去寻找新的食物去了。

[观察与思考]

凤头䴙䴘如果是人，一定是外表优雅，内在热情似火的人。你看它们表达爱慕之情时多么有趣！恰恰、伦巴、探戈，什么都不在话下。你还看过哪些动物的舞蹈呢？

小䴙䴘：春水上的小精灵

小䴙䴘没有美丽又引人注目的“凤头”，因此，没有凤头䴙䴘漂亮。但它们是辽河口湿地常见的水鸟，数量多，所以，它们也是需要着重提及的。

小䴙䴘基本生活在较小的水域，营巢在稀疏的苇丛中——靠在水边的芦苇丛，真正的“临水而居”。它们的选址要求：一边是清亮的水面，方便找到小鱼、小虾等食物；一边是可以起到掩护

目标鸟种：
小䴙䴘
学名：
Tachybaptus ruficollis
英文名：
Little Grebe
保护级别：
无危（LC）

作用的芦苇荡，安全、可靠，进可攻，退可守，不被“外人”打扰。

就是看到凤头䴙䴘那天，我也看到了小䴙䴘。

沿着长长的上水渠，一路慢慢地走，我先后看到了三四个小䴙䴘的巢。看得最清楚的那个巢里，有一只蛋还清晰地露在外面——大约鸡蛋大小。

小䴙䴘在一个繁殖期，一般产卵4~8只。因水阻隔，我看不到那只巢里究竟有几只蛋。但是，从那只蛋所处的高度来看，巢里面还有蛋是肯定的。

起初，我还看见那只小䴙䴘耐着性子一本正经地伏在蛋上面。它那双小眼睛圆溜溜、亮晶晶地闪着光，像哪个调皮的孩子在橡皮泥上按了两颗黄纽扣。一会儿工夫，它就从蛋上直起身来，开始用巢穴边沿的苇草把蛋细心地盖上，左一层、右一层，像妈妈

给孩子包被子那样认真。然后，警觉地看看四周。当确认平安后，它便“吱溜”一声钻进水中，像跳水运动员，没有击起一点浪花。

小䴙䴘夫妻恋爱期间形影不离。进入孵化期后，它们分工明确，轮流进行孵化。小䴙䴘的幼雏出壳后，小䴙䴘夫妻一个负责四处捕食，喂养爱子；一个负责驮着幼雏在芦荡中玩耍，遇到紧急情况，快速潜水或进入芦荡深处躲避起来。然后，离开旧巢，不再回来。

小䴙䴘夫妻从不溺爱孩子，小小䴙䴘被保护、娇宠的“待遇”是有时限的。当幼雏渐渐长大，小䴙䴘夫妻就会把稍微大些的幼雏赶到水里去。捕食归来，幼雏纷纷抢夺食物时，小䴙䴘夫妻也会心明眼亮地把食物喂给最小的幼雏，对大些的幼雏就没那么客气了——啄它们的头，或直接将它们的头按到水中，强迫它们自己潜水觅食。看来，小䴙䴘教子有方名不虚传。不知道小䴙䴘和凤头䴙䴘，每年究竟是什么时候来到辽河口湿地的，又是什么时候从我们的视野中消失的。只知道每年4月或5月，当春水微澜、春风拂面之际，就会看见它们悠然地浮在水面上。在大地复苏、万物生长的美好季节里，造物主好像也很开心，它一高兴顺手就把

这些鬼灵精怪的小东西画在上面了。唯有如此，大地这幅有声有色的画卷，才显得更加生动、鲜活。

[观察与思考]

小鸊鷉有“凤头”吗？嗯，对了，没有！你以为它是小鸭子吗？又对了，不是！我都会抢答了。哈哈哈哈。这些小精灵太可爱了！

你们也是可爱的孩子。请伸平左掌，当纸；用右手食指一笔一画地写下：小—鸊—鷉。会写了吗？会了！这下我就放心了。

目标鸟种：

鸿雁

学名：

Anser cygnoides

英文名：

Swan Goose

保护级别：

易危（VU）

鸿雁：春天的号角清悠、嘹亮

鸿雁，又叫原鹅、大雁、洪雁、冠雁、天鹅式大雁、随鹅、奇鹅、黑嘴雁、沙雁、草雁。鸿雁体长80～93厘米。颈长。鸿雁雌、雄相似。雄鸟上嘴基部有一疣状突。长长的嘴与前额成一直线，一条狭窄的白线环绕嘴基。它们与小白额雁、白额雁的区别在于，嘴为黑色，额及前颈白色较少。

鸿雁的老家在西伯利亚及我国东北等地，秋冬之季，那里冰封雪盖，少有食物。“还等什么？兄弟们，走吧！”于是，它们呼朋唤友，结伴南迁。第二年春天，鸿雁又成群结队飞回北方。那时的北方，日照渐长，树木萌生，野草发芽，花朵竞放，虫子扭着腰身走出黑暗的家门，出来晒太阳。

鸿雁一般以各种草本植物，包括陆生植物和水生植物的叶、芽等植物性食物为食，也吃少量甲壳类和软体动物等动物性食物。冬季，鸿雁也会到农田等地吃农作物。它们太像贪吃的孩子了。食物充足时，它们会死命地吃个饱，以致把嗉囊撑得结结实实，

行动迟缓，甚至都无法飞行了。这与它们平日里中规中矩、对自己要求甚严的性格多少有点不符。

鸿雁迁徙时，要由有经验的老雁任头雁；幼雁和体弱多病的在队伍中间；最后由老雁压阵。它们飞行的速度很快，每次迁徙历时一两个月。飞行中，头雁鼓动翅尖，产生轻微的上升气流，后面的雁就借助气流的冲力，在空中滑翔以节省体力。它们排成我们常见的“一”字形或“人”字形。因此，头雁最辛苦。为了保存所有雁的体能，头雁要不时更换。但不管怎么变，它们的队伍从来都是秩序井然。难怪在传统礼仪中，称雁为“五常俱全”的灵物。何为“五常”？仁、义、礼、智、信，是也。

雁有仁。像人一样，雁阵中难免会有老、弱、病、残、幼者，不能凭借自己的能力觅食、行动。雁群绝不会弃之不顾，而是怜病惜弱、帮幼助残，为垂垂老者养老送终。此为仁爱、仁义。

雁有义。雌、雄鸟婚配后，从一而终，至死不渝。不论是雌雁死还是雄雁亡，剩下的孤雁到死也不会再去找其他的伴侣。此为情深、义重。

雁有礼。它们在觅食或飞行时，从来都是谦恭、礼让，不争吵，不逾矩，从来见不到它们乱哄哄挤作一团的混乱局面。飞行中，雁阵的阵头由“德高望重”的老雁引领，即使壮雁飞得再快，也不会赶超到老雁前面。此为谦恭、礼貌。

雁有智。它们歇息时，群雁中会有孤雁放哨、警戒。若遇风吹草动，孤雁迅速做出反应，群雁便立刻飞到空中。所以，不论是猎户还是野兽，很难轻易接近雁群，更别提猎取了。苏格兰人利用雁的这一特点，驯化它们看守工厂、农场，从未误过事。此为智力和能力。

雁有信。它们是春天的报时鸟。春天北归，秋天南往。此为信义和信用。

[观察与思考]

美国人奥尔多•利奥波德在《沙乡年鉴》中说：“一只燕子的来临说明不了夏天，但当一群大雁冲破三月暖流的雾霭时，春天就来到了。”是的，大雁是春天的信使。在我国，“鸿雁”也是书信的代称，很早就有“鸿雁传书”的典故。你知道它的来龙去脉吗？

小白额雁：漂洋过海来看你

在北方，大雁就是春天的号角。一旦第一群大雁回到故土，它们便向每组迁徙的雁群高声发出邀请。用不了几天，沼泽里、湿地边、坝埝上，到处都可以看到大雁的身影了。“这些大雁不再像春天那样，一寸一寸地到来，而是一次性把春天的旗帜插遍

目标鸟种：

小白额雁

学名：

Anser erythropus

英文名：

Lesser White-fronted Goose

保护级别：

易危（VU）

这片土地。”美国作家巴勒斯也热血澎湃地说到大雁。事实果然如此。

有资料显示，“大雁是雁亚科各种类的通称，全世界共有9种，我国有7种，除了小白额雁外，常见的还有白额雁、鸿雁、豆雁、斑头雁和灰雁等……雁队以6只或6只的倍数组成，雁群是一些家庭，或是一些群的聚合体……”

其中的小白额雁极似白额雁，却是大雁家族中罕见的“小家碧玉”——小白额雁体长53～66厘米，体重1.4～2.3千克，腿为橘黄色，腹部具近黑色斑块，环嘴基的白斑一直延伸到额顶，因此得名。小白额雁眼周呈金黄色，自带“眼影”，这也是它独有的特征。

小白额雁又名弱雁，繁殖于欧洲、西伯利亚等地的极北部，越冬于欧洲南部、非洲的埃及北部一隅、亚洲西南部、朝鲜半岛、日本等地。在我国，迁徙途中见于东北中部、河北北部、山东、河

南等省份。越冬见于长江中下游沿岸、东南沿海沿岸，台湾中部地区偶尔会有。因稀少，小白额雁在我国境内难得一见。

每年9月初至9月中下旬，小白额雁离开繁殖地，到达我国的时间通常在10月初至10月中下旬，最早9月末，最迟11月初。小白额雁迁徙活动主要在晚上进行。白天，它们会停下来觅食、休息。3月初至3月中旬，小白额雁就开始离开我国，大量的小白额雁在3月末至4月中旬，便拍拍翅膀飞走了。

小白额雁主要在陆地上觅食。春季、夏季，它们多在海边、湖边的草地上吃植物芽苞、嫩叶和嫩草，秋季、冬季则主要在盐碱平原、半干旱草原、水边沼泽和农田地区以各种草本植物、谷类、种子和农作物幼苗为食。

小白额雁喜欢在陆地上觅食或休息，有时，因为需要喝水才到水边去。它们善于在地上行走和奔跑，速度很快，起飞和下降也很灵活。初春的苇田里，水天清明一色。成群的小白额雁呼啸

着起落。起飞时的雁阵，好似激昂的交响乐，如春天昂扬的旋律。它们的身下是断茬儿的芦根，虽然都是隔年遗下的旧物，而生的气息和锋芒暗藏，潜滋暗长。那些断茬儿，似向上的支支箭镞，有可能制造不必要的伤害，千万小心啊……

其实，我的担心是多余的。小白额雁在水草相间的湿地中起起落落，悠然自得，欢歌笑语，快活得很呢！我不禁为自己的杞人忧天哑然失笑。

我一直不懂，鸟类是靠什么记忆路程？那些沟壑、山巅、流泉、花树、屋舍、炊烟，在它们的眼中又意味着什么？还有，那些关于翅膀与年华的秘密……

[观察与思考]

小白额雁分布于欧亚大陆及非洲北部，包括整个欧洲、北回归线以北的非洲地区、阿拉伯半岛以及喜马拉雅山—横断山脉—岷山—秦岭—淮河以北的亚洲地区。它们不用护照和机票，就能轻松前往世界各地。有一天，你会不会想要追随它们的踪迹，记录它们的生活，写出这样一本书——《格陵兰岛上的小白额雁》？一切皆有可能。加油！

目标鸟种：

豆雁

学名：

Anser fabalis

英文名：

Taiga Bean Goose

保护级别：

无危（LC）

豆雁：身穿条纹外套的“外国绅士”

豆雁是雁属中体形大、体重偏重的鸟类。豆雁，又名大雁、东方豆雁、西伯利亚豆雁、麦鹅。豆雁体长69～80厘米，体重约3千克，大小和形状很像家鹅。它们的寿命可达17年。

豆雁上体呈灰褐色或棕褐色，下体为污白色，嘴为黑褐色，带有橘黄色的带斑，有扁平的喙，喙的边缘呈锯齿状，有助于过滤食物，它们脖子较长，腿位于身体的中心支点，行走自如。

豆雁在我国属于冬候鸟，还未发现它们在我国繁殖的报告。通常，每年8月末至9月初，它们便离开繁殖地。到达我国的时间最早在9月末、10月初，大多数在10月中下旬到达，最晚的11月初也可以到达了。

豆雁喜欢集群，除繁殖期外，它们常常成群活动。特别是在迁徙时，规模有时是几十只、百余只，在停息地常集成更大的群体，有时多达上千只。群体由一只有经验的头雁领队飞行，队形不断变换。队形的变换和领飞的头雁有关——当它加速飞行时，队

形呈“人”字形；当它减速飞行时，队形变为“一”字形。

豆雁主要以植物性食物为食，也以少量软体动物为食。豆雁通常在栖息地附近的农田、草地和沼泽地觅食，有时也会飞到较远的地方。觅食多选择早晨和下午。中午时，它们喜欢在湖中水面上或岸边沙滩上休息。豆雁性机警，不易接近，常在距人500米外就起飞。飞行时，它们的双翼拍打用力，振翅频率较高。

豆雁在我国是一种传统的狩猎鸟类，分布广，数量大，种群数量稳定，暂时不存在生存危机。看到这样的说明，非常开心！现在，地球上的部分物种，每天都在锐减。听到豆雁的消息，无异于听到福音！

《诗经·小雅·鹤鸣》中写道：“鹤鸣于九皋，声闻于野。”也有俗语说：人过留名，雁过留声。不管它们是否能够一鸣惊人，是否能够“赢得生前身后名”，它们与其他动物、植物、天空、森林、海洋一样，都是全世界共同的财富。不管是否引来他者的敌

意和猎枪后面贪婪的目光，它们都无所顾忌地引吭高歌，仿佛生来就是为了歌唱，歌唱它们热爱的湖水、草色、亲人、友谊、自由的天空、快乐的生活。

与所有热爱生活的人一样，我也特别向往每个清晨能在鸟鸣声中醒来。我愿意看到鸟儿敞在树丫间上下欢跳、追逐、打闹，仿佛生命的颜色和喜悦，一瞬间就被擦亮、放大，辉映出温暖的光芒。

[观察与思考]

泰戈尔（1861—1941），印度著名诗人、文学家、社会活动家、哲学家和印度民族主义者。他曾写过这样的诗句：（1）天空没有留下翅膀的痕迹，但我已经飞过。（2）鸟翼上系上了黄金，这鸟便永不能再在天上翱翔了。

看着天空中展翅翱翔的豆雁，你有何感想呢？

黑翅长脚鹬：侠肝柔肠的淘气包

目标鸟种：

黑翅
长脚鹬

学名：
Himantopus himantopus
英文名：
Black-winged Stilt
保护级别：无危（LC）

黑翅长脚鹬，顾名思义：黑翅、长脚，是这种鹬的两个显著特点。

黑翅长脚鹬的翅膀、长嘴是黑色，体羽为白色，长腿为红色。它们高跷一样又细又长的腿，使它们一下子就区别于其他鸟类。可以说，黑翅长脚鹬是湿地鸟类中的模特。它们身材高挑，亭亭玉立，黑色的披风，潇潇洒洒，非常酷！它们的细长双腿穿着漂亮的红丝袜儿，纤纤弱弱往那儿一站，就有标准的 T 台效果。它们轻轻走动，如弱柳扶风，气质天成。其实，它们的英文名字中的“Stilt”，就有“高跷”的意思。

春天到来的时候，在沼泽、滩涂、草甸等水边，就会看见黑翅长脚鹬几十只成群地在一起觅食、休息、嬉戏。别看黑翅长脚鹬身材那么娇小，它们可是天生的“好战分子”！

看看黑翅长脚鹬的眼神儿便知，它们确是精明、智慧的族群，

不是方圆随意的窝囊之辈。遇到侵犯之敌，勇敢地冲上去，干他个人仰马翻，才是正理！到了繁殖期，黑翅长脚鹬便开始组建家庭，以各自的小家为主开展活动。可能是因为它们的家庭观念比较强，所以，维护家庭的安居乐业、和谐美满被列为“家政”的重中之重。为此，这个时期，黑翅长脚鹬家族之间不安定因素明显增加——但凡涉及“领地”问题，“战争”便一触即发。

这时，你会看到黑翅长脚鹬家族里的每个成员，一点儿也没有外表看起来那么弱柳扶风、文文雅雅了，它们会全员参战，厮打之声震天动地。有时，“战争”持续一个多小时也分不出胜负。

黑翅长脚鹬并没有营巢在水中，但是，产卵后，往往过多的雨水会使巢成为水中孤岛，一眼就能看见。它们多数营巢于临近水边的草地上，或者退潮能找到食物的湿泥滩附近，这样幼雏一出壳就可以直接下水觅食。

当巢中的幼雏全部出壳后，它们会在巢中生活十几天。出于责任，黑翅长脚鹬对幼雏细心呵护。如果遇到外人侵扰，黑翅长脚鹬会第一时间把幼雏藏起来！

那天，在退潮的滩涂上，我见到一只正在觅食的黑翅长脚鹬，它悠闲地在泥滩上走来走去，像踩着节奏一样优雅、娴静。我不敢出声，怕惊扰它专心致志的寻觅。

"怎么只有一只？不可能！"下意识地，我们朝四面八方观望。

果然，不远处，还有另外一只黑翅长脚鹬也在觅食。它们越走越近，不一会儿就慢慢地靠拢了。

"咦，它们的孩子哪儿去了？"可能又跑去玩了。

黑翅长脚鹬的幼雏比较调皮、淘气，经常到处乱跑，害得亲鸟总要到处叫、到处找。"二丫，回家吃饭了！""黑蛋，回家睡觉了！"直到把它们全部找到为止。这样的温馨时刻，常常让人想起童年的美好岁月，想起那些黑白照片上定格的甜美笑容……

[观察与思考]

《鹬》获得第89届奥斯卡金像奖最佳动画短片奖。短片中，鹬的动画形象非常可爱，你知道这个短片讲了什么故事吗？

反嘴鹬：爱的教育

反嘴鹬名字的由来，当然是因为它们的嘴巴了。它们的嘴巴是黑色的，细长、尖尖上翘，是它们生存的器官，也是取食的工具。反嘴鹬主要以小型甲壳类、水生昆虫、昆虫幼虫、蠕虫和软体动

物等小型无脊椎动物为食。进食时，嘴巴伸入水或稀泥中不停地扫动。

反嘴鹬体长为38～45厘米，腿为灰色。飞行时，会看到它们洁白的体羽、黑色的翼尖。

反嘴鹬喜欢单独或成对活动。它们特别擅长游泳，经常会在水中做出高难度的特技表演，比如倒立。

像所有鸟类一样，幼雏破壳之后，反嘴鹬就会带着幼雏到水边觅食。为了让幼雏得到好的休息和保护，反嘴鹬妈妈经常会“跪”下来，让幼雏钻到它的翅膀下。殷殷之意、融融爱心，可见一斑。

反嘴鹬的长腿，像一副天然支架，折叠成高矮适中的柱状支撑，与胸部的“屋顶”、张开翅膀的羽翼，共同构成一间温暖的“爱巢”。小反嘴鹬钻进妈妈的怀里多开心呀！

反嘴鹬“跪”下来，是一个本能的动作，相当于大人面对小孩

“俯下身来”一样。但是，作为母亲，看到这一下意识的动作，还是非常感慨。

与这些特征相比，反嘴鹬还有一个更为显著的特点：“演技”非常了得！

爱孩子的首要前提，就是要保证它们的生命安全。反嘴鹬特别聪明，为了保护幼雏，更是使出浑身解数。

有一次，我看到一只反嘴鹬正带着幼雏觅食、玩耍。小反嘴鹬忽左忽右跟在妈妈的身边，一会儿仰起脸看着妈妈叫两声；一会儿跑到滩涂上啄来啄去。妈妈也慈爱地望着小鹬。

我们正为找到理想的拍摄目标而欣喜，谁知，反嘴鹬妈妈忽然甩掉小反嘴鹬，朝我们的面前跑来。只见它耷拉着左翅，直至拖在地面上，面露凄凄切切的神色。

“哦，它是只伤鹬呀！”我心想。

可是，当我把目光集中到“受伤”的反嘴鹬身上，并为它的病情担忧时，忽然想起：小鹬怎么没有跟上来呢?

我转过头去看，却见小反嘴鹬正朝我们相反的方向，奔跑。

“它怎么了?”正当狐疑之际，反嘴鹬却飞了起来!

噢，我终于明白，反嘴鹬用佯装受伤的方式吸引我们的视线，与我们“恋战”，以便留给小反嘴鹬更多的时间，让它脱离“险境”。

我长长地舒了一口气，揪着的心却怎么也无法平静：为了防御人类的侵犯，亲爱的鸟啊，你们动用了多少心智?仔细想想，不禁汗颜……

[观察与思考]

你还知道哪些其他的鹬?你是否还记得，有个成语叫“鹬蚌相争”?它有什么深意?

目标鸟种：

红脚鹬

学名：

Tringa totanus

英文名：

Common Redshank

保护级别：

无危（LC）

红脚鹬：小鸟玩转大世界

红脚鹬，体长28厘米，上体为褐灰色，下体为白色，胸部具有褐色的纵纹。飞行时，它们腰部的白色比较明显，嘴基部为橙红色，尖端为黑褐色。脚较细长，亮橙红色，繁殖期为暗红色，幼雏为橙黄色——看出来了吧，因为它们的脚是红色，所以得名红脚鹬。红脚鹬的别名还有赤足鹬、东方红腿。红脚鹬像个小矮胖儿，嘴较短、较厚。如果以衡量人的相貌的标准来看，红脚鹬一定是个憨厚的人。

红脚鹬常常单独或成小群活动，有时也与其他水鸟混群。它们喜欢杂草丛生的沼泽、河岸、水塘，在沿海滩涂、河口也可以看到它们。红脚鹬以鱼、虾、甲壳类、软体动物、水生昆虫等为食。到达繁殖地后，它们便逐渐分散，基本是成对进入各自的繁殖地。有时也会数对集中在一处营巢。

通常，红脚鹬营巢于水边草丛中较为干燥的地上，或是沼泽

湿地中地势较高的土丘上。它们的巢多是利用地面的凹坑，或简单在地上扒一个圆形浅坑，直径为15厘米左右。无须什么“家具”，坑里垫上一些枯草和树叶即可。但作为“私密性”较强的家，它们巢的隐蔽性还是挺强的。

“家”有了，该找个“伴儿”了。为了吸引雌鸟，雄鸟求偶时可真花了一番力气。只见雄鸟将两只翅膀向上举起，在雌鸟的周

围不断地抖动，头还配合着上下晃动，不时发出细声的鸣叫……

找到伴侣，和和美美的小日子便开始了。红脚鹬的繁殖期在每年5–7月，它们每窝产卵3～5枚。卵的形状为梨形，颜色为淡绿色带有黑褐色的斑点。孵卵工作以雌鸟为主，孵化期为23～25天。

就这么个小鸟儿，也没有什么特别之处，为什么还说它们可以玩转世界呢？

红脚鹬为夏候鸟和冬候鸟，春季于3–4月迁回我国东北繁殖地；秋季于9–10月，迁离繁殖地。那么，它们的分布范围除了我国，还有哪里呢?

它们的原产地有阿富汗、阿尔巴尼亚、阿尔及利亚、安哥拉、亚美尼亚、澳大利亚、奥地利、芬兰、法国、瑞典、葡萄牙、日本、泰国、越南等一百多个国家和地区。这还不算加拿大、刚果、格陵兰、卢旺达等它们能够自由游荡的十几个国家和地区。我一边点数着那些国家的名字，一边在世界地图上找那些具体的点，眼睛都要看花了!

是啊，我数着那些国家的名字，像数着一只只红脚鹬，或者干脆说，像数着一粒粒特别的珍珠、一颗颗闪亮的星星——它们

小小的身影，为这个多彩的世界增添了多少动人的故事啊！想到这儿，耳边不禁回旋响起《迁徙的鸟》的主题曲：“横跨大洋/横跨大海/飞越树影沉沉的森林/穿过寂静得令我们不敢呼吸的山谷/回到你身边……”

[观察与思考]

奥斯卡最佳纪录片提名《迁徙的鸟》是一个关于约定的故事。法国导演雅克·贝汉带领他的团队横跨五大洲，选取50多个国家的175个自然景地，动用17名飞行员和一支科考队，平均每天有600人工作，历时四年，拍摄了460多千米长的胶片，才完成该片的制作。你知道红脚鹬在什么时间迁徙到我国东北吗?

目标鸟种：

翘鼻麻鸭

学名：

Tadorna tadorna

英文名：

Common Shelduck

保护级别：

无危（LC）

翘鼻麻鸭：大朴若拙的高手

我们先来说一个概念——野鸭。野鸭的种类很多，在我国大约有10种，其中包括绿头鸭、针尾鸭、绿翅鸭、花脸鸭、罗纹鸭、斑嘴鸭、赤膀鸭、赤颈鸭、白眉鸭、琵嘴鸭。

提起野鸭，我们就会想起房前屋后"呱呱"乱叫的家鸭，河里游的、地上走的，随处可见。有时，你正忙着赶路，它们一步三摇的身姿严重影响你的行进速度，说不定还会惹得你不耐烦地驱赶几下。

野鸭的体形比家鸭要轻盈得多，腹线与地面平行。野鸭的性情活泼，善于奔跑、游泳、潜水。它们的翅膀较家鸭长，最快飞行时速能达到每小时110千米。就算在高速公路上开着车，也不一定能胜过它们——这是“陆海空”三项全能的家伙！当然，这些特点也是翘鼻麻鸭的特点。

翘鼻麻鸭，又名白鸭、冠鸭、掘穴鸭、潦鸭、翘鼻鸭、花凫。体长约60厘米，身体颜色非常醒目。翘鼻麻鸭雄鸟的头部和上颈为黑褐色，具有绿色的光泽。体羽主要为白色。喙为赤红色，基部生有一个突出的红色皮质瘤，颜色艳丽，是野鸭族群中很漂亮的一种。特别是它们微微上翘的红嘴，使它们看起来像涂了个性口红的大嘴明星，又像谁家朴拙而讷言的乖娃娃，憨乎乎的，特别惹人喜爱。其实，它们机灵着呢。

翘鼻麻鸭主要在淡水湖泊、河流、盐池及海湾等湿地活动。冬天时，在未封冻的河口可以见到它们的身影，经常是数十只甚至上百只结群活动。

翘鼻麻鸭食性很杂，主要以水生昆虫、昆虫幼虫、藻类、软体动物、蜗牛、牡蛎、海螺蛳、沙蚕、水蛭、蜥蜴、蝗虫、甲壳类、陆栖昆虫、小鱼和鱼卵等动物性食物为食，也吃植物叶片、嫩芽和种子等植物性食物。

野鸭是人类认识较早的鸟类之一。在野味遍地并以此充饥的

年代，在茂林莽野之中穿梭的人们，猎枪对准的第一种鸟儿，便是野鸭！因为野鸭的肉质鲜嫩，富有营养。再加之野鸭繁殖快、数量多，它们当然就成为人类餐桌上的首选。因此，野鸭对人的恐惧与生俱来。只要一看到手提“家什”的人，野鸭一概认为那“家什”就是要它们命的猎枪！“还等什么？快飞啊，哥们儿！”

——开个玩笑。

哪位是农民，哪位是渔民或者割苇工，翘鼻麻鸭还是能区分出来的——看来，这种本领，是它们为适应生存环境而进化出来的。

[观察与思考]

在英国作家格雷的《鸟的天空》一书中，有这样一段话：“每一只鸟都生活在自由的世界里，欢乐、歌唱、成群结队……每一只鸟也同时面临威胁与不适，但它们总能不辞辛劳地迁徙，以获得足够的温暖和自由。”你知道翘鼻麻鸭在我国的迁徙路线吗？

绿头鸭：“特警”的前世今生

狭义的野鸭，就是指绿头鸭。绿头鸭，又名大绿头、大红腿鸭、大麻鸭，是最常见的大型野鸭，也是除番鸭以外所有家鸭的祖先。

绿头鸭雄鸟上背和两肩为褐色，密杂以灰白色波状细斑，羽缘为棕黄色，下背黑褐色，腰和尾上覆羽绒黑色，稍有绿色光泽；颈基有一白色领环，头、颈为绿色，因此得名。

绿头鸭的全身有贡缎的质感与金属的光泽，“绿头”发散出幽幽的暗绿色荧光，很有古典和怀旧的意味，因而，绿头鸭看上去具有十足的明星派头儿。

别以为绿头鸭只是徒有好看的外表，它们还有大本事呢。比如说，绿头鸭最为高强的本领，是它们在“半梦半醒”之间有一种特殊的生理习性。

目标鸟种：

绿头鸭

学名：

Anas platyrhynchos

英文名：

Mallard

保护级别：

无危（LC）

美国生物学家研究发现，绿头鸭具有控制大脑使其部分保持睡眠、部分保持清醒的习性。对睡眠状态可以做到自控——这是科学家发现的第一种可以控制睡眠状态的动物。特别是居于鸭群最外边的那只绿头鸭，具有极强的责任心和敏锐性，它的警惕性最高。即使在睡眠状态，它也能使朝向鸭群外侧的一只眼睛始终保持睁开的状态。这种状态能持续多久？会随着周围环境危险系数的上升而不断增加。因此，不管在多么危险的境遇中，绿头鸭几乎都可以轻松逃生。

真是不可思议的智慧！难道它们的脑子里，天生就安装了遥感设备、卫星云图，知道“山雨”欲来？这种高强的本领连人类都不具备，造物主却给了绿头鸭！

绿头鸭在造福人类方面也立下了大功。因绿头鸭抗病力强，

成活率比较高，早在公元前475年至公元前221年，我国便开始饲养和驯化绿头鸭了。绿头鸭肉质鲜美，没有腥味，且营养丰富，脂肪含量少，蛋白质含量高。据《本草纲目》记载，绿头鸭的肉甘凉、无毒、补中益气、平胃消食，除十二种虫。身上有诸小热疮，年久不愈者，但多食之，即愈，治热毒风及恶疮疖，杀腹脏一切虫，治水肿，等等。

绿头鸭不仅营养、药用价值比家鸭更高，而且它们的羽毛也是重要的出口原料。所以，绿头鸭在国内外都受到喜爱——说不定，你碗中的鸭肉，你身上的鸭绒服，就是它们的贡献呢。

忽然想起曾经看过的某部纪录片。片中的第一个镜头是连绵的远山，余晖中的古堡，越野车的残骸，昏黄中，没有一丝草色，没有动感，似乎一切都在时光之外，模糊着，停滞着。而下一个

画面是柏油路上，摇摇摆摆走过来一群绿头鸭，它们胆怯地看看左右有没有人，再看看残破的越野车，当确认安全后，它们一边扇着翅膀，一边“呱呱”大叫着去饮车底盘下面水洼里的雨水——这个画面，真实地表现出绿头鸭的另一个特点：胆小。不过，那群绿头鸭是欢乐的。因为它们的欢乐，那个死寂的画面一下子“活”了起来。

[观察与思考]

绿头鸭的强项是在睡眠状态下，还能“睁一只眼，闭一只眼”。它是猫头鹰，还是张飞呀？你知道张飞吗？和爸爸一起读读《三国演义》吧。

斑嘴鸭："刽子手"竟是它?!

斑嘴鸭，又名谷鸭、黄嘴尖鸭、花嘴鸭、火燎鸭。斑嘴鸭体形大小和绿头鸭差不多，体长50～64厘米，体重1千克左右。

斑嘴鸭的嘴为黑色，前端为黄色，脸至上颈侧、眼先、眉纹、颏和喉均为淡黄白色，与深的体色呈明显反差。从远处看，它们的脸像京剧脸谱一样，极有戏剧感。斑嘴鸭的深色羽带和浅色羽缘，使全身体羽呈浓密的扇贝形状且清晰可见，如工笔画一般，

目标鸟种：

斑嘴鸭

学名：

Anas zonorhyncha

英文名：

Chinese Spot-billed Duck

保护级别：

无危（LC）

很有画面感。更为难得的是，它的羽翼有一段为金属蓝色或金属绿紫色，飞行时特别醒目、漂亮，如佩戴着一大块多棱的宝石，闪闪发光。

斑嘴鸭是最普通、最接近家鸭的野鸭族群，只不过与家鸭相比，它们会飞。另外，它们嘴上那块明黄的色斑，就是斑嘴鸭特有的标签。

斑嘴鸭主要分布于西伯利亚东南部、蒙古东部、中国、朝鲜、日本、缅甸、印度、尼泊尔等国家和地区。通常栖息于淡水湖畔，也成群活动于江河、水库、沿海滩涂盐场等水域。它们趾间有蹼，却很少潜水，游泳时尾部露出水面。它们善于在水中觅食、戏水，

连求偶、交配也要在水中进行。它们主要以水生植物的嫩芽、根、茎和藻类、草籽及无脊椎动物、甲壳为食。

斑嘴鸭集群到达湿地几天后，便以家庭为单位，过上了各自的小日子。它们经常一边孵化，一边觅食。幼雏出壳后，也要与亲鸟一同去见见“外面的世界”。幼雏经常被夹在两只亲鸟的中间，像一个个毛绒团儿，站成一排或挤成一堆，可爱极了，让你忍不住想用掌心捧起来，仔细端详。

斑嘴鸭像小女生一样，特别爱干净、爱美。它们经常在水中和陆地上梳理羽毛，精心打扮。睡觉或休息时，互相照看。

斑嘴鸭的巢比较隐秘，多见于坝埂上：它们先在坝埂上挖一个小坑，铺上细软的草垫底，再用自己的绒毛在草上絮一层。离开时，也要把茸毛细心地盖在卵上——真是就地取材，自给自足。斑嘴鸭每个繁殖期产卵8~14枚。可是，它们怪得很，一旦发觉巢被天敌发现，斑嘴鸭便不再居住，毅然决然地离开曾经温暖的家。

然而，更令人无法理解的是：在离开家之前，斑嘴鸭还要做一件极其重要、极其残忍的事情——它们要亲手把未孵化出来的

卵，弄死！——写到这儿，我在掂量，是用“弄死”，还是“粉碎”，抑或是“掐死”？哪个词的分量会轻一些？哪个词能减少尚未成形的小“斑嘴鸭”的疼痛？

真的想象不出，杀死襁褓中亲生骨肉的时候，这些母亲怀着怎样的心情：是绝望？是决绝？是悲壮？还是有什么说不清的情愫？世间万物，众生百态。人性复杂，鸟也如此吧。

[观察与思考]

法国作家儒勒·米什莱在作品《鸟》中写道:“长着绒毛的绒鸭扯下自身的绒毛，给雏鸭铺上盖好。即使雏鸭被人偷走，她还照样继续这种自残的行为，直到浑身绒毛扯光，只剩下血肉之躯，公鸭就替代她，也同样扯光自身的绒毛。”这种“残忍”的爱，你还在哪些动物身上见过?

目标鸟种：

中华秋沙鸭

学名：

Mergus squamatus

英文名：

Scaly-sided Merganser

保护级别：

濒危（EN）

中华秋沙鸭：“水中大熊猫”原来是鸟！

中华秋沙鸭，是英国人于1864年在我国采到一个雄性幼鸭的标本后，为其命名的——但凡名字中带有“中华”的事物，都令人肃然起敬。中华秋沙鸭是第三纪冰川期后残存下来的物种，距今已有1 000多万年了。

中华秋沙鸭素有“水中大熊猫”和“国鸭”之称，是国家一级重点保护鸟类，是与大熊猫、华南虎、滇金丝猴齐名的国宝。目前，全球不足3 000对，已被列入世界自然保护联盟红色名录濒危物种，是比扬子鳄还稀少的国际濒危动物。

2014年，中国观鸟组织联合行动平台（朱雀会）发起全国中

华秋沙鸭越冬情况同步调查。在首轮调查中，他们共计在19个省市区的200多个调查点，记录到中华秋沙鸭441只，新发现多个集中越冬地。2015年，朱雀会再度联合全国54家鸟会和机构的力量，在全国21个省市区开展调查，调查足迹遍及长江、黄河、淮河、珠江等10个流域，共记录到中华秋沙鸭600多只。这是针对雁形目进行的最大规模的调查。

调查人员风餐露宿，风雨兼程，足迹遍布辽宁本溪太子河、甘肃黄河刘家峡、广州白盆珠水库、湖南云阳山、深圳马峦山水库、贵州赤水河、陕西浐灞湿地、广西北海牛尾岭、四川泸州、浙江景宁、珠海竹银水库、湖北京山鸳鸯溪、云南滇池……他们此行的主旨，是为了唤起人们对生态环境保护的高度重视。

每年冬天，中华秋沙鸭从远在北方的繁殖地，飞到我国中部和南部地区休养生息，这一越冬区正好位于黑河—腾冲线这一我国人口分布的地理分界线以东。中华秋沙鸭只生活在清澈、干净的溪流和水库里，而且，它们的栖息地多是当地的母亲河、饮用水水源地、水源保护区等——从这个意义上来说，保护它们，就是保护我们自己。

中华秋沙鸭两肋的羽毛上有黑色鳞纹，所以，早先它们叫鳞肋秋沙鸭。中华秋沙鸭的脑后像凤头一样有两簇冠羽，很有喜感。它们很少鸣叫，与绿头鸭和斑嘴鸭相比，非常安静。它们的身体具有更好的流线型，所以，飞行的速度也比其他的鸭科动物迅疾得多。

作为鸭科，中华秋沙鸭却喜欢上树，人称“会上树的鸭子”。它们常常选择距离水域较近、较粗壮的阔叶树的树洞营巢，树洞距地面一般超过10米。但它们更喜欢水。幼雏刚刚孵出一两天就

要从树洞巢穴里跳出来，快速钻到水中去——它们可能觉得水中比陆地更安全。甚至成鸭交配，也在水中完成。

中华秋沙鸭的孵化任务由鸭妈妈来完成，而鸭爸爸去哪了，连鸭妈妈都不知道。有时，它们还会抢夺别人家的幼雏，来壮大自己的家族。搞不懂它们是出于什么心理。中华秋沙鸭喜欢3~5只集小群活动，有时也喜欢和鸳鸯混在一起，在缓流深水处觅食。捕到鱼后，它们先将鱼衔出水面，再慢慢吞食。

[观察与思考]

在关于中华秋沙鸭越冬情况调查的省市区中，有没有你的家乡？

巴勒斯坦诗人马哈穆德·达威什曾写下这样的诗句：“在最后的国境之后，我们应当去往哪里？在最后的天空之后，鸟儿应当飞向何方？”忧心而苍凉。

目标鸟种：

鸳鸯

学名：

Aix galericulata

英文名：

Mandarin Duck

保护级别：

无危（LC）

鸳鸯：以讹传讹的爱情神话

为了不干扰苇丛中、水草下的鸟儿们乐享清静，“鸳鸯沟”的旅游线路已放弃了“突突突”没完没了的电瓶船，改为渔翁摇橹式纯天然的小船了。

清风习习，太阳光碎金子般洒在河面上，泛着梦幻的色泽。沿着那条细细瘦瘦的小河水，向河流的纵深处平匀地滑行，不久，便露出平展、开阔的水面了。

刚到鸳鸯沟，就看到了一对鸳鸯——不！是一个鸳鸯家庭：一对夫妻，还有它们的一个女儿。它们在水面上闲散地漂着，鸳鸯夫妻靠得近，女儿不知是贪玩还是游得慢，离它们远了一些。不一会儿，鸳鸯夫妻游得更快了，好像它们并不担心女儿的安全。

眼看着鸳鸯夫妻越游越远，女儿连忙追了上去，并竭尽全力靠近它们。可是，鸳鸯妈妈的态度简直令人难以置信——她不仅不爱护自己的孩子，还一下下狠狠地啄着女儿，直到把女儿啄走为止。女儿显然是生气了，悻悻地背着它们，向远处游去。难道“啄女儿”也是鸳鸯训练孩子的必修科目之一？

见女儿渐渐远去，鸳鸯夫妻开始缠绵起来——噢，原来它们是想享受二人世界呀！只见雄鸳鸯目光含情，细心地梳理着雌鸳鸯的羽毛，不紧不慢，不慌不忙，仿佛在做世界上最享受、最幸福的一件事。然后，鸳鸯夫妻头颈相交，耳鬓厮磨，上演着“蜜月情歌”。那情景，不禁令人想起卢照邻的诗句：“得成比目何辞死，愿作鸳鸯不羡仙。”鸳鸯多营巢在树上，巢距水面足有10~18米。小鸳鸯从高高的巢上“高台跳水”般跃入水中——不用担心，有草浮在水面，能稳稳地接住小鸳鸯。这是它们的成长必修课。

雌鸳鸯淡妆素抹，外形与普通鸭子没什么两样。而雄鸳鸯却异彩纷呈，华丽无比。头部的冠羽色彩较深，并泛着金属般的光泽：绿、白、褐、红、黄……油亮四射，光彩耀眼，仿佛是油画画出来的一般。

鸳，雄鸟；鸯，雌鸟。这两个字亲密无间，像它们紧紧地靠在一起，互相依靠，互相取暖。在我国，2 000多年前就有饲养鸳鸯的记载了。英文中，鸳鸯被译为“中国官鸭”。

由于鸳鸯常常在水中出双入对，人们爱把它们看成是忠贞爱情的象征，它们因此接受着赞美。但事实并非如此。鸳鸯并不是终身配偶制，而是一种在生殖周期内临时配偶的鸟类——俗称“露水夫妻”。这样的事实让多少“迷恋”鸳鸯的人难以接受。

进入繁殖期，雄鸳鸯亦步亦趋，向雌鸳鸯示爱。一旦组成家庭，它们便上演我们常常看到的“感人”的爱情交响曲。可是交配之后，家庭的一切负担，就都落在雌鸳鸯的身上了。比如，营巢、孵化、育雏等，都是鸳鸯妈妈的事儿。雄鸳鸯呢？另寻新欢去了。就算雌鸳鸯“一哭二闹三上吊”也无济于事，想想真是无趣。事已至此，便也欢欢喜喜地另寻他人去喽——你走你的阳关道，我过我的独木桥！好潇洒的一对鸟儿！

[观察与思考]

约翰·詹姆斯·奥杜邦（1785—1851）是美国国宝级鸟类画家，他的《美洲鸟类》被认为是19世纪最伟大的著作之一。1887年成立的奥杜邦学会现已成为全球最具影响力的环保团体，世界上有很多人在为鸟类的生存奔走呼号。为了保护鸟类的生活环境，我们可以做些什么呢？

目标鸟种：

大麻鳽

学名：

Botaurus stellaris

英文名：

Great Bittern

保护级别：

无危（LC）

大麻鳽：草莽英雄，落草为“寇”

大麻鳽，俗称大水骆驼、蒲鸡、水母鸡、大麻鹭，是大型鹭类，体长59~77厘米，全身为麻褐色，顶冠为黑褐色，头侧为

金色，其余体羽多具黑色纵纹及杂斑，嘴为黄色，脚为绿黄色。看看这身行头，像不像草莽英雄——它们与枯草混在一起，加之它们懒得动，如果不仔细看，根本发现不了它们。这大概是它们自我保护的一种“策略”吧。

大麻鳽的脖子粗短，而且，眼睛有点儿“对眼儿”的感觉。设想一下：它们迈开大爪子，一步一步踱在湿地上、草丛中，既有点儿孤绝地偏安一隅的落寞英雄模样，又有点儿笨拙得可爱的相貌。

大麻鳽多栖息于山地丘陵、山脚平原地带的河流、湖泊及芦苇、草丛、灌木、沼泽、湿草地中，主要以鱼、虾、蛙、蟹、螺、水生昆虫等动物性食物为食。它们在黄昏或晚上活动，白天多隐蔽起来，白天偶尔也会活动。如果受到惊吓，它们不是匆忙逃离，而是站立不动，头、颈向上垂直伸直，嘴尖朝向天空，和四周的枯草、芦苇融为一体——开启上文所说的“自我保护模式”。当它们觉得危险迫近，不得已才飞起来。飞行时，两翅鼓动得很慢，也谈不上高度，贴着芦苇或草地而已。更为“露怯”的是，它们飞不多远，就又落回草丛——看来，“落草为寇”的命运基本是改变不了了。

大麻鳽的繁殖期在每年5–7月，常成对营巢。巢大多是由草茎和草叶简单地构成，呈盘状。不过，它们的巢非常隐蔽，一般不会被发现。大麻鳽非常恋“家”。当感觉到“大势已去”时，它们才恋恋不舍地“夺门”而逃。

大麻鳽每窝产卵4～6枚，卵为橄榄褐色，圆形。它们的产卵期不同步，最早的在5月初，大量的在5月中下旬，少数的在6月初。产出第一枚卵后便开始孵卵。孵卵主要由雌鸟完成，孵化期为25天或26天。雌鸟孵卵时，不像前面写的那样呆萌了，而是变得异常警觉。看来，“为鸟父母”的责任意识还是蛮强的。受到威胁时，大麻鳽也会愤怒，甚至怒发冲冠——全身的羽毛膨胀，脖子变得更加粗壮，对人非常凶。正常情形下，在繁殖期，它们会发出为人熟知的鼓一样的叫声；冬季，则寂静无声。雏鸟由雌雄亲鸟共同喂养，2~3周之后，可爱的小家伙们就离开巢去“见世面”了。

晚上再回到巢中，由亲鸟喂养。一个半月至两个月的时间，它们的翅膀才能“长硬”，才会飞翔，开始独立生活。

大麻鳽可谓朋友遍天下，它们分布在世界100多个国家和地区，而且是10余个国家的旅鸟——想去旅游，拍拍翅膀就能实现。在我国，除了在云南、贵州、广东、广西、福建等省为留鸟外，在长江以北均为夏候鸟和旅鸟。通常，大麻鳽每年3月中下旬开始迁往东北繁殖地，10月中下旬迁走。它们常单只或成对迁来，迁走时偶尔可见5～8只的小群集结在一起。大麻鳽的种群数量原本较为丰富，近年来，由于农田开发和环境破坏，种群数量明显下降。正如大麻鳽躲躲闪闪的身影——其实，那正是它们“不得已”的命运……

[观察与思考]

罗马尼亚诗人卢齐安·布拉加说：“你可以用他人的羽毛装饰，却不能飞翔。人不是很懂这件事，鸟却懂得。”你从大麻鳽身上学到了哪些生存智慧？

目标鸟种：

黄苇鳽

学名：

Ixobrychu Ssinensis

英文名：

Yellow Bittern

保护级别：

无危（LC）

黄苇鳽：忽见“草上飞”

黄苇鳽，又名：黄斑苇鳽、小黄鹭、黄秧鸡、黄小鹭、黄雀子。它们是鹭科苇鳽属鸟类，是一种中型涉禽。雄鸟额、头顶、枕部和冠羽具铅黑色，微杂以灰白色纵纹，头侧、后颈和颈侧具棕黄白色；雌鸟似雄鸟，头顶为栗褐色，具黑色纵纹。

黄苇鳽栖息于平原和低山丘陵地带水边植物多的开阔水域，尤其喜欢栖息在既有开阔水面，又有大片芦苇和蒲草生长的中小型湖泊、水库、水塘、沼泽。黄苇鳽单独或成对活动，主要以小鱼、虾、蛙、水生昆虫等动物性食物为食。黄苇鳽通常无声，但飞行时会发出略微刺耳的断续轻声。

黄苇鳽，摄影人习惯称它们为“草上飞”，这不仅是因为它们反应速度快，还因为它们喜欢在苇叶之间移动，像草上的“鼓上蚤时迁”，很少在地面或水中行走。

黄苇鳽的繁殖期在5–7月，营巢于浅水处芦苇丛和蒲草丛中，巢高10～12厘米，巢距水面27～66厘米。巢通常以弯折少许的苇秆作为依托，用苇叶编织而成，盘状，结构简单。每窝产卵多为7枚，有时4～6枚。它们每天产卵1枚。卵为白色，稍带淡绿，光滑无斑。第一枚卵产出后，即开始孵化，孵化期为20天。

黄苇鳽的爪特别大，比例几乎为半个身长。有意思的是，它们的爪有时是向外翻着握紧苇秆的，一生下来，幼雏便可以稳稳地抓住苇秆。

黄苇鳽觅食时喜欢站在苇秆上、荷叶上、漂浮的木桩上。它们抻长脖子，垂下头去专注地盯住水面。待发现鱼儿的踪影，它们便会以迅雷不及掩耳之势冲向水中猎物，准确捕获。有时，它们的脖子抻得像鹭那么长。头呢？已深深扎进水中，与鱼儿斗争去了。爪呢？还紧紧抓住苇秆、石头等实物不放。好像，它们对水一点儿也不信赖，反而对芦苇有着天然的依靠——难怪，它们的名字里还有一个“苇”字。看来是宿命使然。

“鸟是诗人之鸟，而不是属于旁人。因为只有诗性最能呼应鸟性。鸟的形象是象征和启示。”特别是小鸟，它们像蔓延到天涯的小草、原野上竟自开放的小花，是容易被忽略的孤单个体。它们小小的身体不如一丛霸道的野菜、一片飘来飘去的云朵，占据不了多大的土地和天空，因而，注定不会像丹顶鹤、东方白鹳那些大鸟那样引人关注和喜爱。我们只听其声未谋其面——它们多像日常生活中的普通人，大隐隐于市，只把婉转的歌声和好心情带给人类。但它们同样是会喜怒哀乐、生老病死的鲜活生命，同样是生物链中不可缺少的一环。它们亮开歌喉，传递喜悦，使原

本纷杂的俗世生活有了令人欣悦与憧憬的素洁底色。

有时，文字是有声有色的。但是，当文字遇到鸟鸣，似乎又变得无力。不如闭上眼睛倾听，并慢慢地沉醉……

[观察与思考]

约翰·巴勒斯（1837—1921）被誉为“美国自然主义文学之父”，他曾创作了《醒来的森林》《鸟与蜜蜂》《鸟与诗人》等20多部自然散文集。听着黄苇鳽婉转的歌声，你有没有多了一份对自然的向往？

东方大苇莺：盲目的爱给了谁

东方大苇莺，常被称为“爱心义工”。这话恐怕还得从头说起。

大杜鹃与东方大苇莺的孵化时间相近。大杜鹃卵的颜色、斑点、大小与东方大苇莺的卵几乎一模一样。于是，大杜鹃眼珠儿一转，“计”上心来，想出了“偷梁换柱”“狸猫换太子”的把戏。

春天，当你看到大杜鹃在芦荡之上飞来飞去，或站在电线杆上四处张望的时候，别以为它们是在玩耍。其实，它们是在仔细观察东方大苇莺的巢穴呢——东方大苇莺什么时候产卵？什么时候开始孵化？对于大杜鹃来说，这些都是它的“产前”必修课。

当雌大杜鹃快要产卵时，它就更加关注东方大苇莺产卵。东方大苇莺通常产卵1~5枚，这时窥视已久的大杜鹃趁着东方大苇莺离巢的间隙，把自己的卵产在它的巢里。

“糊涂虫”东方大苇莺哪里知道内情呀，它每天孵啊孵，孵啊孵，勤勤恳恳，任劳任怨。岂能料到，最先出壳的竟是大杜鹃的幼雏！一般情况下，大杜鹃的孵化期要比东方大苇莺少两三天。

大杜鹃幼雏出壳后，需要五六天才能睁开眼睛。不过，那些身材瘦小、全身没长一根毛儿的小东西，出生几个小时之后，就能做出令人意想不到的“狠毒”事儿来。

俗语说：会哭能闹的孩子有奶吃。大杜鹃从小就深谙此道。于是，大杜鹃幼雏拼命地叫，便得到更多的食物，使自己长得更快。然后，它趁东方大苇莺外出觅食的工夫，使出吃奶的力气——算它吃奶吧——本能地把巢中东方大苇莺的卵，用后背一个个拱到巢外去，最后巢里只剩它自己了！可怜的东方大苇莺根本不知道自己的儿女已惨遭杀害，依然风里来雨里去，辛辛苦苦觅到食物，再一口口喂给大杜鹃幼雏！

“吃独食儿”的大杜鹃幼雏越长越大，最后连巢都无法容纳它肥壮的身躯了，它就干脆把巢踩在脚下，张着血盆大口，依然心安理得地坐等筋疲力尽的东方大苇莺送回食物来。即使大杜鹃幼雏比东方大苇莺的身体大几倍了，不知情的东方大苇莺还在不停地追着、撵着喂食给“它的孩子”吃。而大杜鹃亲鸟躲在暗处，偷偷地看着这一场景，喜不自禁。

时光飞逝，大杜鹃幼雏的羽毛渐渐丰满起来。这时，大杜鹃亲鸟便用独特的叫声唤它们回归。大杜鹃幼雏听到妈妈的呼唤，便拍拍翅膀飞走了。等东方大苇莺如梦方醒，悔之晚矣！

在苇丛中，常常看见东方大苇莺愤怒地“吱吱”乱叫，追赶体形比自己大三四倍的大杜鹃：一个玩命地追，一个没命地跑——两种鸟儿，好像都不要命了。不知内情的人还以为“小不点儿”东方大苇莺太勇猛、太霸道了，那么大体形的大杜鹃也敢与之较量？反过来说：大杜鹃，你也太笨了，还怕那么个小东西？殊不知：虽没有“夺妻”之仇，却有着“杀子”之恨！这口恶气谁能咽下？大杜鹃呢，自知理亏，只有望风而逃的份儿了。

[观察与思考]

有人说东方大苇莺是“爱心义工”，替别人做好事；有人说它是“糊涂虫”，稀里糊涂“养”了别人的孩子，而且一次又一次，怎么就不长记性呢？其实，这是动物行为中不可解释的现象，也是无法篡改的事实。你还知道哪些关于动物行为的有趣故事呢？

目标鸟种：

大杜鹃

学名：
Cuculus canorus
英文名：
Common Cuckoo
保护级别：
无危（LC）

大杜鹃：孤独的鸟儿不说话

在上一篇文章中，我们已经讲过了关于大杜鹃与东方大苇莺之间的“爱恨情仇”，那么这里再来单独说说大杜鹃。

首先，看看大杜鹃的照片，看看它到底长什么样子。

大杜鹃是普通杜鹃的中国亚种，体长约32厘米，翅长约21厘米。雄鸟上体为纯暗灰色。两翅为暗褐色，翅缘为白色，带有褐斑。尾部为黑色，先端缀白，中央尾羽沿羽干两侧有白色的细点。颏、喉、上胸、头、颈两侧为浅灰色。下体剩余部分为白色，带有黑褐色横斑。雌鸟呢，外形与雄鸟相似，不过雌鸟的上体为灰色，夹杂些许褐色，胸部呈棕色。

大杜鹃主要吃什么？它们主要以松毛虫、舞毒蛾、枯叶蛾等鳞翅目幼虫、蝗虫、甲虫、蜘蛛、螺类等为食。它们食量非常大，对消灭害虫起到了积极的作用。从这个意义上来说，它们还是益鸟呢。

大杜鹃喜欢在早晨鸣叫。有统计显示，大杜鹃的叫声平均每分钟24～26次，差不多每鸣叫半小时，就稍稍停歇一下。如果仔细听，从大杜鹃的叫声中，似乎还能听出流离、失落的情愫。

大杜鹃是湿地中较为孤寂的鸟儿之一。在我的家乡，湿地的芦苇荡里，有很多大杜鹃。因为生性懦怯，大杜鹃常常处于“隐居”状态，大多数时候“只闻其声，难见其影”。如果偶然遇到了它们，就会发现：它们飞行的速度极快，却不像其他鸟儿那样升空、俯冲、在空中画几个圆圈之类的，玩儿些“花活儿”。它们飞行的特点是沿着直线飞，而且像箭一样迅疾，急吼吼的。飞行时，两翅扇动的幅度较大，但却没有声响。同样，它们想要停下来，也很

有特点：像飞机一样要滑翔一段距离；又像贪玩的孩子，因为跑得太快，有一种一下子刹不住“车”的感觉。另外，它们特别喜欢单独行动，很少三五成群出没，它们酷酷的样子，很像孤独的王子。

然而，大杜鹃并没有“逃离尘世”，而是心怀世事地把自己安放在独有的世界——它的头脑中，好像有一座报时准确的“钟”，能够适时、准确地发出关于时节的预报，唤醒沉睡的土地和蓬勃的生命。当你听到远处传来“布谷——布谷——”清悠而欢快的声音，那就预示着万物复苏的春天即将结束，花枝乱颤、裙角飞扬的美丽夏日，就要到来了。

[观察与思考]

大杜鹃的叫声是怎样的？为什么说大杜鹃是“孤独的鸟”“报时鸟”？

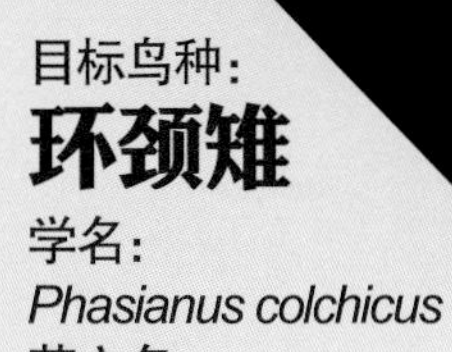

目标鸟种：

环颈雉

学名：

Phasianus colchicus

英文名：

Common Pheasant

保护级别：

无危（LC）

环颈雉：为嘀嗒的时光而守候……

鸡，是人类饲养最为普遍的鸟禽类，也是与人类接触最近、且能吃人类给予食物的鸟类之一。家鸡源于野生的原鸡，驯化历史距今至少4 000年了。大约1 800年前，鸡肉和鸡蛋就成为可以批量生产的商品，为人类服务了。

环颈雉，又叫雉鸡，就是我们常说的“野鸡”。因为颈部下方有一圈明显的白色环纹，故得此名。

在鸟类中，一般雄鸟的羽毛要比雌鸟漂亮，环颈雉也不例外。让我们来数数环颈雉雄鸟全身一共有多少种颜色：它们的头顶为棕褐色，眉纹为白色，眼睛周围裸露的皮肤为鲜红色，颈部大多为金属绿色且有一圈白色的环带，上体为紫红色，下背和腰多为蓝灰色，胸部为带紫的红铜色，腹部为黑绿色，尾羽为黄灰色且并排列有黑色的横斑……色彩像雄鸳鸯一样丰富而华丽。不用说环颈雉多么善于奔跑，也不用说它们多么不挑食，只看这画儿一样的色彩，就够让人眼睛发亮、放光吧。

在某个度假区，我们看见大小成群的环颈雉趾高气扬地在林间悠闲地散步。它们喜欢散淡地逛着，也喜欢像孩子似的扎在草堆里一动不动。虽然它们属于鸟类，但是，它们不喜欢飞，即便它们飞起来的时候，长长的尾巴和披着锦绣的身体非常惹眼，可是，除非万不得已，它们是不飞的。逼急了，才飞出去区区百八十米而已——准确地说，那也不叫“飞”，充其量只能叫作“超低空滑翔”，只是有点儿“飞” 的意思罢了。

环颈雉喜欢栖息于开阔的林地、灌木丛或者农耕地，是真正的“旱鸭子”，不仅不怎么会飞，更不会游泳。

环颈雉由于它的美丽，很早就被人们关注。

古时候，环颈雉的羽毛被织成罗、缎、锦等，作为妇女衣裙之用。汉末至六朝时期的“雉头裘”，已成为当时贵族夸耀豪华的衣饰。

远在殷商时代的甲骨文中就有对环颈雉食用价值的记载，明朝李时珍在《本草纲目》中，对环颈雉的描述更为详细，他认为环颈雉肉味甘、酸，性温，具有补中益气之功；对下痢、消渴、小便频繁，都有一定的治疗作用。《医学入门》称它能“治痰气止喘”。从唐朝到清朝，一些宫廷食谱上，已记载了很多环颈雉的烹饪方法。

环颈雉被人类关注，真不知道是幸运还是不幸。

我们常常忘不了，每天被大公鸡的“喔喔”啼鸣准时从梦中唤醒的童年；更忘不了，小心地把手探到鸡窝里，摸到温热的鸡蛋时的欣喜——那些温暖的记忆，已成为我们一生的可贵珍藏……

[观察与思考]

岁月不居，时光不老。梭罗曾说：“我们如大自然一般自然地过一天吧，不要因硬壳果或掉在轨道上的蚊虫的一只翅膀而出了轨。让我们黎明即起，不用或用早餐，平静而又无不安之感；任人去人来，让钟去敲、孩子去哭——下个决心，好好地过一天。”身处自然，总能让人内心平静。你有哪些关于自然的美好回忆呢？

目标鸟种：

黑水鸡

学名：

Gallinula chloropus

英文名：

Common Moorhen

保护级别：

无危（LC）

黑水鸡：红骨顶与“黑珍珠”

红骨顶与“黑珍珠”，你以为我说的是两种鸟或两只鸟吗？

错了！它们是同一种鸟。接下来我们就说说它——黑水鸡。

黑水鸡，又名红冠水鸡、红骨顶、红鸟、江鸡，全身为黑色，嘴为红色，嘴尖端为黄色，脚为绿色。它们喜欢在水中活动，长得像家禽。

黑水鸡很警觉，它们不相信“死板板”的陆地，倒觉得“能移动”的水面才是能够随时随地载着它们远离危险的“船”。

初见黑水鸡，感觉像胖子穿了黑衣服，也没使它们看起来更苗条一些。我不是色盲，但对颜色的识别能力极其有限，对诸如爱琴海的蓝、茜素红、藤黄、钛白之类的颜色特别着迷，不过总是无法熟练运用。所以，对黑水鸡只能用简单的“黑”字，一言以蔽之。再优美些，心里就叫它们“黑玛丽”“黑珍珠”……

黑水鸡的羽毛其实并不是单纯的黑色，而是蓝黑色。加之它们红、黄相间的嘴巴，总感觉很沉闷，远不如看白琵鹭、东方白鹳或白鹤那样赏心悦目。但是看得久了，倒觉得它们“黑”得踏实、可靠。

黑水鸡的叫声很有意思。在野外，如果你听到一串一串的叫声，有根“线”就可以“串”起来的那种叫声，一定是黑水鸡在叫。

那天看到它时，那只黑水鸡正浮在苇丛前的水泽里，耐心地与它的幼雏们交流："孩子们，看清楚喽，要这样滑水，不要着急，慢慢来……另外，你们知道什么地方最安全吗？还有，怎样躲避敌人，怎样不被吃掉，你们知道吗？"

当然，这些话，都是我强加给它的话外音。你想啊，它在那儿叽叽咕咕的，是不是很像父母在告诫孩子如何认识世界、如何保护自己？噢，讲童话传说、睡前故事，也有可能。

像雉科水禽一样，除非在极其危急的情况下，一般黑水鸡是不飞的，特别是不做远距离的飞行。平时，它们会在水面上快速游动，如果遇到紧急情况，它们会惊慌飞起，但飞行的速度缓慢，也飞不太高，紧贴着水面，飞不多远就匆匆落入水面或草丛中。

黑水鸡是一夫一妻制，关系可维持很多年。但是，也有一雌二雄建立家庭，或二雌、多雌与一雄合作营巢的记录。黑水鸡一般在草丛或芦苇丛中营巢，用细枝、芦苇或薹草建成碟形或杯形的巢，高出或漂于水面，偶尔也把巢建在灌丛中或树上。

黑水鸡的卵呈椭圆形，白色或乳白色，带有红褐色斑点。有意思的是，如果卵不慎丢失，黑水鸡可以补产。黑水鸡幼雏全身为黑色茸羽，在巢内停留1～2天，第3天可以游泳，第21～25天可以自行觅食，第45～50天可以长出飞羽，72天后可以独立生活。

时间创造奇迹！关于时间的履历，在这里，可以直观地换算成鲜活的小生命成长的进程。

[观察与思考]

黑水鸡的卵丢失了，还可以补产，你听说过这样的事儿吗？还有哪些鸟类有这种特别的能力？

目标鸟种：

家燕

学名：

Hirundo rustica

英文名：

Barn Swallow

保护级别：

无危（LC）

家燕：遥远而切近的乡愁

家燕是乡村和家常的亲切与温暖，不生分，也不隆重，更不需要看谁的脸色，叽叽喳喳就能欢乐，不管不顾的小家碧玉般的欣喜和欢愉。

在乡下，谁家的屋檐下有个燕子窝是件喜兴事儿，那人家便被看作有福了。同时，那也是善良、正义的标志——连燕子都不伤害的人家，还能干出什么伤天害理的事儿?

家燕常常把巢筑在屋檐下、横梁上。它们先要把衔来的泥土和草茎，用唾液黏结成小泥丸，并铺上细软的杂草、羽毛、破布等，有时也用青蒿叶一点点积累成碗状的巢。“燕子衔泥”就形象地道出了燕子营巢的艰辛。好在它们也有用旧巢的习惯，不必年年如此辛苦。有资料显示，雨燕的巢有的可以使用50年。“小燕子，穿花衣，年年春天来这里……”如儿歌所唱，不管千里万里，家燕都能准确无误地找回“老家”，不知道它们脑子里是否安装了雷达。

但是有时候，家燕千里迢迢回到日思夜想的故乡，却怎么也找不到自己的“家”了。为什么？原来，巢被懒惰的麻雀“据为己有”，家燕怎么赶也赶不走它们。

当北风肃杀、万物凋零之际，家燕就没有食物了。迫不得已，家燕成了鸟类家族中的“游牧民族”。别看它们小小的身体，食量却大得惊人，几个月下来，它们可以吃掉25万多只昆虫。冬天，昆虫不是被冻死，就是深藏起来，不躲怎么活命呢？

家燕与黑嘴鸥差不多，我们根本不知道它们是什么时候离开的。记得小时候，清晨，我从梦乡醒来，睁开惺忪的睡眼，推开奶奶家的房门，习惯性地往房檐下望去。这一望非同小可。咦，住了几年的“三口之家”哪儿去了？奶奶道：“我说这么安静呢，它们是不是到别处玩儿了？噢，肯定是南迁了！”这一惊，睡意全无。我沿着房子转了两三圈，也没找到熟悉的身影。而家燕的巢，还牢牢地粘在东屋玻璃窗上第三根房椽子那儿。

家燕与人类的关系，既亲密，又疏离。燕子天天叫嚷得心烦，有时还得操起木棒“警告”它们一下。但几天听不到叫声，还有些不适应——它们已经成为乡居生活不可或缺的音符。

如今，钢筋水泥的楼房没了家燕的地盘，它们不得不转移到桥梁、涵洞下面营巢。能不能找到食物？不得而知。可是，它们

远离人烟，使市井生活缺少了部分人情味儿，倒是真的。

多年以后，我们告别乡土和老屋，告别童年和过去，怀揣着热望走向梦想的幸福生活。也许有一天，在午睡后醒来，有毛茸茸的阳光透过斑驳的树隙照在脸上，酥酥的、痒痒的，你舒服地伸展手脚，忽然听到燕子的叫声——你小心翼翼地起来，找到它们藏身的屋檐或枝丫。呵，你仿佛又回到了上树、下河、在田野和树丛中疯跑的童年时光。

而家燕，虽不是身轻如燕的古典女子，却一定是记忆中曾经穿着花棉袄、梳着毛毛麻花辫子的可爱伙伴。而今，她是否安在？恍惚中，日月如梭，流年飞逝，唯有心中的记挂和惦念，鲜嫩如初……关于这些，是否已无处安放？

[观察与思考]

唐朝诗人刘禹锡的诗作《乌衣巷》中写道:“朱雀桥边野草花，乌衣巷口夕阳斜。旧时王谢堂前燕，飞入寻常百姓家。”由此可见，燕子是日常的、民间的，它们从不嫌贫爱富。你还知道其他描写燕子的诗句和美文吗?

目标鸟种：

普通翠鸟

学名：

Alcedo atthis

英文名：

Common Kingfisher

保护级别：

无危（LC）

普通翠鸟：身披彩霞去追风

一看见普通翠鸟，就欣喜、开心。你看：它们圆圆滚滚的体形，天生一个“婴儿肥”。光亮、美艳的羽毛，五光十色、华丽无比。头顶上、翅膀边“镶”着星星和铆钉一般的点点“钻石”，这种“铆钉装”既时尚新潮，又个性独特。它们的圆眼睛又黑又亮，透着精明、灵巧。两只可爱的小鸟儿站在枝丫上，相互深情地凝望，贴心而知己。身体虽小，但是，谁能说它们的世界不是新发的芽苞，天天葱茏而蓬勃呢。

也许，丹顶鹤、大天鹅、东方白鹳之类的鸟过于庞大，像普通翠鸟这样的“小乖乖”才是人们印象中的“鸟儿”，可以听它们在窗前的枝丫上啁啾，可以看它们在丛林中快活地飞去飞来。当然，我只是从小巧玲珑的身形来说。不论是美若天仙的大鹏，还是乖巧可爱的“小东西”，以及别的物种，从主观上，我都衷心地希望

众鸟归林、群鱼归渊。

普通翠鸟常常停息在近水的低枝和岩石上，它们习惯于超低空飞行，并且飞行的速度极快——有多快？说说看！嗯，就像眼前忽然轻轻刮过的一阵小风儿。另外，普通翠鸟飞行的姿态也明显区别于其他的鸟类——它们不盘旋，也不躲闪，而是沿着直线飞。如果是“摄影菜鸟”，一点儿思想准备都没有，它就没影儿了，更别提要抓拍一张形神兼备的好片子了。

普通翠鸟的食物主要是小鱼。它们捕鱼的本领可以用“弹无虚发”来形容。这得益于它们极佳的视力——即便在水中，它们的目光也会像探照灯一样稳、准、狠，成功率极高。

普通翠鸟还特别讲究方法。捕鱼的时候，它们先站在水边的植物上，耐心地等着，待看准了水中的小鱼之后，便高台跳水一般一个猛子扎进水中，用身体中最显眼、有力的大嘴，准确地击中“目标”！然后，再迅速地从水中一

跃而起，飞到水边的植物或树上。整套动作娴熟而准确，从不拖泥带水。

与它们的飞行速度相反，普能翠鸟并不是急三火四地马上吞食“战利品”，而是把嘴中的活鱼在树干上用力摔打，动作干脆、利落、优美、漂亮，十足的“老把式”模样。待活鱼被摔得半死，它们再慢慢地享用劳动得来的大餐——看到这儿，真想为它呈上一杯美酒：让它就着佳酿享用美食。

虽然名为普通翠鸟，可是，它们一点儿也不普通。普通翠鸟是身长15厘米左右的小小鸟儿，寿命却有15年。

在哺育后代方面，普通翠鸟做得也非常出色。它们先在沙堤、泥崖或比较陡峭的土坡上，挖出一米多深的隧道式的洞，然后，铺上一些干草，这就是它们生儿育女的“家”了。

幼雏破壳后，普通翠鸟夫妻每天都要往返上百次进行喂食，辛苦可想而知。如果食物丰富，一对普通翠鸟夫妻一个夏季可以哺育两巢幼雏。看看它们的小身体，想想哺育的艰辛，真的挺佩服它们的。

[观察与思考]

作家普里什文被誉为“伟大的牧神”“俄罗斯语言百草”，他在《大地的眼睛》中写道:“大家都拿野兽骂人，最糟的时候就是人们说‘简直是禽兽’。事实上，这些野兽也藏有无尽的柔情。”他提倡对大地“亲人般的关注”和“艺术是一种行为方式”。你读过他的书吗?

戴胜:“瑕不掩瑜”的至尊鸟

目标鸟种:
戴胜
学名:
Upupa epops
英文名:
Common Hoopoe
保护级别:
无危(LC)

说起戴胜，总觉得是在叫一个人的名字，而且，应该是有智慧、有责任心的人。第一次在画报中见到它，不禁为自己的猜测暗叹。看!戴胜飞行的姿态像展翅的蝴蝶。它们边飞边鸣，发出“呼——呼——呼”的叫声，十分奇特，颇为有趣。戴胜的头冠像羽扇，黑白羽翼像张开的大氅，很有大将军的气度。特别是它英勇的举止，为它的形象又一次加冕——它口中正衔着胖墩墩的一条大肉虫，往“树洞”里送呢。它攀缘的双爪几乎扣到树皮里去了，眼睛黑珠子一样锐光四射……镜头，就此定格！

见到戴胜的真身，仿佛是那个场景的幻影重现或续集。

汽车刚转上芦苇荡间的土路，我们就见到一棵长在水渠边的柳树上有两个树洞：一个，很显然是树在生长过程中遗留下来的死穴；另一个，就是戴胜的“家”了。它隐藏得多好呀！如果不仔细看，会以为那也是树的一个死穴呢。

我们指指点点，话音未落，就见一只戴胜攀升、俯冲，快速地从洞里飞了出去。

“这下要有好戏看啦！”于是，我们停好车，耐心地盯着戴胜的“家”。

这一带是辽河油田的采油作业区，采油机正一上一下默默地“磕头”抽油，左边是新插秧的水稻田，远处是风声细细的芦苇荡。我们摇下车窗，一边静静地等着戴胜载虫归巢，一边关注着树洞里的动静。

洞口比成人用大拇指与中指环起来的空间大不了多少，比较黑，且看不清，又不敢靠得太近。恍惚间，我觉得好像有什么灰乎乎的“小东西”在不停地晃动。一定是小戴胜！

不到10分钟时间，刚才飞走那只戴胜叼着虫子、扇着翅膀回来了。

戴胜不是直奔洞口，而是绕着柳树盘旋几圈，才飞到洞口。它并不是直接落到树

干上，而是悬着空——它的速度太快了，不到两秒的工夫，我根本没有看清戴胜母子是怎样完成食物交接的。这说明小戴胜一直在洞口附近等着妈妈呢。口对口喂完食物之后，戴胜妈妈拍拍翅膀，绕过柳树，又向水稻田那边飞去了。

戴胜不仅在育儿方面尽职尽责，对人类也是益处多多。戴胜是有名的食虫鸟，主要以金针虫、蝼蛄、天牛幼虫等害虫为食，而且食量很大。所以，它们还是保护森林和农田的好助手呢。不过，人无完人，鸟无完鸟。谁都有点儿小缺点、小毛病嘛。戴胜，这名字很书面、很端正吧。它还有个不太雅的俗名叫臭姑姑。为什么这么难听？事出有因。

戴胜幼雏孵化出来之后，卵壳就会被亲鸟吃掉或衔出巢外了。但是，堆积在巢穴里的粪便它们从不清理。另外，雌鸟在孵卵期间，会从尾脂腺分泌出一种有恶臭味道的褐色油液。因此，巢中又脏又臭、污秽不堪。看来，戴胜不太注意个人卫生和家庭环境卫生哦。

但是，瑕不掩瑜。2008年，由15万人参与投票评选，“臭姑姑”戴胜打败了10种本土鸟类，最终坐上了以色列“国鸟”的至尊宝座。

[观察与思考]

2013年5月10日，中央电视台大型公益活动“美丽中国·湿地行”正式启动。活动期间，通过网络投票等方式评选出中国“十大魅力湿地”。你知道都有哪些吗？

目标鸟种：

大斑
啄木鸟

学名：
Dendrocopos major
英文名：
Great Spotted Woodpecker
保护级别：
无危（LC）

大斑啄木鸟：打开春天之门

大斑啄木鸟，又名赤鴷、臭奔得儿木、花奔得儿木、花啄木、白花啄木鸟、啄木冠、叼木冠，为小型鸟类，体长为20~25厘米。大斑啄木鸟上体主要为黑色；额、颊和耳羽为白色；肩和翅上各有一块大白斑；尾为黑色，外侧尾羽具黑白相间的横斑，飞羽亦具黑白相间的横斑；下体污白色，无斑；下腹和尾下覆羽鲜红色。雄鸟的枕部为红色。

大斑啄木鸟主要栖息于山

地和平原的针叶林、针阔叶混交林、阔叶林中，尤其以混交林和阔叶林为多。它们主要以甲虫、小蠹虫、蝗虫、天牛幼虫等各种昆虫、昆虫幼虫为食，也吃蜗牛、蜘蛛等其他小型无脊椎动物，偶尔也吃橡实、松子、稠李和草籽等植物性食物。

大斑啄木鸟的嘴巴是看点，而且功能太多了。

首先是捕食。大斑啄木鸟攀木觅食时以尖嘴叩击树干，叩得又快又响，好像一名出色的鼓手——它们可不是乱敲一气，从敲击的声音中，它们能知道树干哪里有虫。而且，一“嘴”致命！它们的舌头非常长，据说连接舌头的韧带在皮肤内头骨外，从后而上地绕头骨一圈后，从一侧鼻孔进入颅骨并固定在颅骨中，这种“弹簧刀式装置”可使舌头伸出喙外长达12厘米，加上舌尖生有短钩，舌面有黏液，因而它们能准确地把藏在树深处的昆虫钩出来——我承认，这两行字是我摘录下来的，我怕说不清楚，更怕不专业——就这样，它们从树干下方依次螺旋式攀至上方，细心排查，力争无漏“嘴”之虫。

每年3月末，大斑啄木鸟用长长的嘴猛烈敲击着树干，弄出很大的动静——它们在打家具吗？是的！雄鸟在凿洞营巢——它们太勤快了，年年造“新居”。每个巢洞大约需要15天完工。巢洞距离地面有4～8米，有时更高。巢洞里除有少许木屑外，没有任何内垫物。遗留、废弃的旧巢，自有大山雀、柳莺、椋鸟它们去“旧物利用”。

但是，叩击树干更重要的作用是雄鸟在宣布领地，

“我的地盘我做主！”并以此吸引异性目光。与此同时，因爱情而起的“决斗”也开始隆重上演了。顺着急促的敲击声望去，有时会看见两只雄鸟为了一只雌鸟而战在一处。它们上下翻飞，边飞边叫，搅作一团，局面乱得简直无法控制，直至其中的一只雄鸟被赶走为止。

大斑啄木鸟每年5–7月繁殖。每窝产卵3～8枚，卵为白色，椭圆形，光滑无斑。雌、雄鸟要轮流孵化13～16天，再共同哺育20～23天，小小的“大斑”就可以飞翔了。

在《湿地公约》中，关于“湿地”是这样定义的：“天然或人工、长久或暂时的沼泽地、泥炭地及静止或流动的淡水、半咸水、咸水水域，包括低潮时水深不超过6米的海水区。”虽然大斑啄木鸟不依赖湿地的水域取食，但它们也是湿地鸟类中不可或缺的种类之一。虽然本物种的保护级别是无危，但时时受到非法捕猎的威胁，它们的明天正掌握在人类的手中……“爱能够看见，欲望却是盲目的。”瑞士心理学家荣格说，“一切事物开始时都是爱，事物的存在却是生命。”善待其他的生命，就是善待我们自己。

[观察与思考]

美国作家约翰·巴勒斯在《自然之门》中写道：“三月，自然之门只是微微轻启；四月，门开得稍大了些；五月，窗户也打开了；六月，干脆连墙都彻底推倒，亲和的气流正在四下里自由游弋。”啄木鸟会发出不同的声音，遇到啄木鸟的时候，留心听听，你能理解它们声音的含义吗？

目标鸟种：

灰头绿啄木鸟

学名：

Picus canus

英文名：

Grey-headed Woodpecker

保护级别：

无危（LC）

灰头绿啄木鸟：妙手回春的“森林神医”

灰头绿啄木鸟，体长约27厘米。雄鸟背部为绿色，腰部和尾上覆羽为黄绿色，额部和顶部为红色，枕部为灰色并有黑纹。颊部和颏喉部为灰色，髭纹为黑色。初级飞羽为黑色，具白色横条纹，尾为黑色，下体为灰绿色。雌雄相似，但雌鸟头顶和额部非红色，嘴峰稍弯。

灰头绿啄木鸟秋、冬季常出现在路旁、农田边疏林、村庄附近小树林等，它们单独或成对活动，很少成群，主要以蚂蚁、小蠹虫、天牛幼虫、鳞翅目、膜翅目等昆虫为食，也到地面吃植物的果实和种子，比如山葡萄、红松子、黄菠萝球果、草籽等。它们的巢洞多选择在混交林、阔叶林、次生林或林缘的水曲柳、山杨、稠李、柞树、榆树等腐朽的阔叶树上。巢洞距地高2.7~11米，洞口呈圆形或椭圆形。

“笃笃——笃笃——”，熟悉的声音响起。有人说，这声音像发电报，传递的是爱的密码；有人说，这声音像敲门，敲打的是春天之门、爱情之门。这时，雄鸟的物质基础相当雄厚："房子"有了，"私鸟直升机"有了——翅膀就是直升机嘛——应该进入下一生命流程了。

灰头绿啄木鸟的繁殖期为每年4–6月。4月初，便可以看见它们出双入对了。平时，都说爱情使人变化，鸟也一样。灰头绿啄木鸟平时很少鸣叫，且叫声单调。进入繁殖期后，它们的叫声变得频繁而且洪亮，声调长而多变。

灰头绿啄木鸟5月初开始产卵，一年只繁殖一次，每窝产卵8～11枚，多为9～10枚。卵为乳白色，光滑无斑，圆形。产卵后，由雌、雄亲鸟轮流孵化12～13天后，再共同育雏。初期暖雏时间较多，喂雏次数较少，且多是进入巢内喂雏。后期不暖雏，喂雏次数增多，且都是站在洞口，将头伸入洞内喂雏。23天左右，雏鸟即可飞翔。

不论是哪种啄木鸟，它们营巢的方式都是在树干上啄洞，再把卵产在洞底的碎木渣上。虽然巢的制造并不具备精巧的艺术性，但对蛮力的要求还是很高的。这也可以理解为：在爱情的"战争"中，勇敢、信心与力量，是角逐与对抗的重要参数和主要考核指标。

"笃笃——笃笃——"，熟悉的声音再次响起。这是灰头绿啄木鸟在出诊。它们是地道的"老中医"，"嘴"到病除——哪儿气血不畅，哪儿脉络不通，全在回声中反映出来；它们也像经验丰富的瓜农，有节奏地拍打西瓜，就知道生、熟程度有几分。它们嘴疾眼快，直奔“主题”，树皮和朽烂的木质树心形同虚设，蠹虫呀，肥胖的黄斑星天牛呀，这些贪吃贪睡的寄生虫无处藏身，注定被揪出来示众。病树得以医治，同时它们也赢得了“森林神医”的美名。

“没有买卖，就没有杀害。”这是公益广告。对于野生动物如鲨鱼和大象如此，对于啄木鸟也是一样。中医传统理论认为，啄木鸟的全身皆可入药，具有滋补、健骨、解毒的功效。所以，对它们的捕猎也从未停止。如果有一天，再也听不到那种特别的“打击乐”，真正受到“打击”的，一定是人类自身……

[观察与思考]

灰头绿啄木鸟分布于欧亚大陆等地。在我国，为东部各地区及西南、华中等地的留鸟，数量较少。它敲击树木的声音，既是美妙的“打击乐”，也是长鸣的“警钟”，你听过吗？

目标鸟种：

震旦鸦雀

学名：

Paradoxornis heudei

英文名：

Reed Parrotbill

保护级别：

近危（NT）

震旦鸦雀："鸦雀"有声
——芦苇中的啄木鸟

震旦鸦雀的体形娇小，身体浑圆，活泼，好动，黄色的小嘴很像鹦鹉。别看它们长着扫帚似的大尾巴，但飞行能力极差，必须依赖芦苇才能生存。它们在苇丛中跳来跳去，一不留神便会跃到芦苇的最上端。苇秆、苇叶的顶端细而尖，因承受不了太大重量，它们会忽悠悠地坠下来……不要紧！震旦鸦雀身轻如燕，更不会头晕目眩，一个鱼跃就会蹿至苇尖——"荡秋千"是它们的拿手好戏！

震旦鸦雀极少到地面活动，一直过着隐士的生活。它们的巢穴隐蔽，天敌不易察觉，更别说接近了。浩瀚苇海中藏头大象都不一定找得到，何况是身长不足20厘米的小鸟呢。苇荡是天然的屏障，因此，它们的生活一直被蒙着一层神秘的面纱。

初见震旦鸦雀的名字时，不免心生疑问：它们是不是与乌鸦或麻雀有什么瓜葛？其实，它们并无什么关联。震旦鸦雀是快乐的小家伙，叫声急促而连贯，悦耳、动听，"唱"到高兴处，还会情不自禁地展翅欢歌——它们的翅膀不适合长途飞行，但翅

膀扇动的频率非常快。它们一边频繁地振动翅膀，一边歌唱，表达快乐。看来，震旦鸦雀属于“外向型”性格，一点儿也不含蓄。

震旦鸦雀栖身、觅食，都在苇荡中。它们主要以芦苇茎内、茎表、叶表上移动能力较差的小虫以及蚧壳虫为食。一旦发现虫子，震旦鸦雀就会像啄木鸟那样，用坚硬的嘴巴不停地敲打苇秆，直到把藏在苇皮子中的虫子揪出来为止。所以，专家称它们为“芦苇中的啄木鸟”。它们只吃虫子，口味单一，也不嫌腻歪，一旦离开芦苇，就找不到食物了。

不仅稀少的食物决定了震旦鸦雀的数量，它们的繁殖率也不高。震旦鸦雀大约每年4月开始营巢。它们先用坚硬的嘴巴撕裂芦苇的叶片，以叶片中的纤维为主要原料，将纤维丝缠绕在三五根芦苇上，再一圈圈绕成巢的模样。它们每窝产卵2～5枚，能孵出2～4只幼雏，哺育9～11天。这些工作由雌、雄亲鸟共同完成。幼雏刚离巢时不能飞行，必须借助密集的芦秆才能攀爬、跳跃。

震旦鸦雀的集群大小随着季节而变化。繁殖季节，多以较小的集群为主；非繁殖季节，则以较大集群为主。发现异常时，它们会根据不同季节、不同集群做出警戒、鸣叫等不同反应。

震旦鸦雀的名字非常中国化，因为古印度称华夏为“震旦”。它们是中国特有的物种，南京是它的模式标本产地。什么叫模式标本？即科学家们在世界上发现新的生物种所依据的标本。20世纪80年代，南京曾有过关于它们的记录。但此后20年再无记录。不过，1991年，在辽河口湿地的苇荡中，曾发现了分散成小群的震旦鸦雀。2007年，专家们在江北一片芦荡中又发现了震旦鸦雀，足有100只。之后，它们再次从人们的视线中消失。浩荡苇海如慈爱的母亲，敞开宽广的胸怀，护佑着这些可爱的小鸟……

[观察与思考]

震旦鸦雀的名字是怎么来的？

除了“震旦”，中国还有什么别称？

中华攀雀：童话城堡荡枝头

中华攀雀有着高超的攀缘技巧，并能将这种表演性与实用性结合起来，运用到营巢上。中华攀雀大多在柳树、杨树、槐树的树杈或树枝上营巢。筑巢所需的材料主要有芦苇的花絮、棉花的纤维、草茎、哺乳动物的毛发、蒲公英的纤维等，种类繁多。

中华攀雀营巢的本领堪称“奇迹”，似乎可以申报动物吉尼斯世界纪录——

只见它们上下跳动，左右穿梭，娴熟如杂技演员或体操运动员。眨眼间，中华攀雀就在枝上转了好几圈。看枝头，衔来的羊毛紧紧地缠在树枝上，再于缠绕“羊毛框架”的两根树杈间拉起细细的纤维。然后，继续衔着“建筑材料”在枝杈间“前空翻、后空翻”地缠绕。不久，那丝丝缕缕的纤维便扩展成韧性极强的“钢丝线”了。

它们织成的巢像“茶壶”。再仔细端详，巢又像只小箩筐，悠悠晃晃地吊在树枝上，充满童趣。三看，巢又如矮筒靴，像“大人国”里谁不小心丢掉的靴子，“巨人”在哪儿？找找看，一定醉倒在宫殿旁边的“梦乡”里了吧。

这种复杂的缠绕、编织、堆积、垒砌，不仅是鸟类“营巢史”上最复杂、最隆重、最壮观、最精美的典范之作，恐怕人力也不过如此。因此，中华攀雀又被称为“鸟类建筑师”。

如此浩繁的“安居工程”，一般都是由雄鸟独自完成，然后，雄鸟再去找雌鸟——相当于“有房”之后再去“征婚”。那时的雄鸟可谓正宗的“钻石王老五”，还愁娶不到如花似玉的“貌美天仙”？甜蜜相恋，布置新房，婚配，产卵，孵化，育雏……接下来的一切顺理成章，自然而然。

有趣的是：如果在哪棵柳树上发现了中华攀雀的巢，那么，那棵树一左一右的柳树上肯定还有另外的巢。中华攀雀喜欢有近邻却又单门独户的生活。看着看着，心中不禁热流涌动，忽然想起小时候随意推门而入的大院生活，想起不同门窗后的张张笑脸……

那天，在水边一棵粗矮的榆树上，还看到中华攀雀一旧一新两个巢——旧巢略显陈旧，然而还很完整。风很大，但旧巢却像被“焊”在树上一样，随着树枝的摇曳上下起伏，不过丝毫不用担心它会被大风吹掉。新巢呢，只有一点点大小。细看，只是巢的基础部分，但已能清晰地看到模子了。较为粗壮的树枝像房梁，支撑了房屋大致的框架。望着水渠对面的新巢，一时竟无言……“编织”的辛劳可想而知。但是，那丝丝缕缕的情感如幸福的璎珞，正是借由分分秒秒的时光丝线，日夜不舍地连缀成美丽的童话故事。

隔着溪水等了好一会儿，也不见中华攀雀飞回来。可能，做事认真的那个“小伙子”正在到处寻找蒲公英呢！夏初的风仍有几分凉意，吹皱一池水波，像微澜的心，动荡不息。

[观察与思考]

“美国鸟类学之父”亚历山大·威尔逊，为其巨著《美洲鸟类学》奔走征订时，曾遭到某州长嘲笑。威尔逊说道：“请您订购的，阁下，并不仅仅是有关鸟类的一些技术性知识，更是对森林原野萌生的一种全新的兴趣，一瓶清新的道德与知性的滋补剂，一把开启自然宝库的崭新钥匙。阁下试想，您从中能获得怎样丰厚的收益呢——空气，阳光，使人百病皆愈、身心康泰的那种芬芳与清爽，更别提从尔虞我诈、乌烟瘴气的政治生涯中偷得的半日清闲了。”在生活节奏越来越快，闲暇时间被电子设备吞噬的今天，你有没有试着与自然相处，与鸟儿相处呢？

目标鸟种：
太平鸟
学名：
Bombycilla garrulus
英文名：
Bohemian Waxwing
保护级别：
无危（LC）

太平鸟：一生为你祝福

太平鸟特征明显：全身呈葡萄灰褐色，头部色深，呈栗褐色；头顶有一条细长呈簇状的羽冠，像凤头般高高耸立；一条黑色贯眼纹从嘴基经眼睛直至后枕，位于羽冠两侧；颏、喉为黑色；翅膀有白色翼斑，次级飞羽的羽干末端有红色滴状斑；尾端呈明黄色，像圈圈褶皱的裙摆，打开时，像折扇一样漂亮。

太平鸟数量众多，且喜欢成群活动。它们体态优美、鸣声清柔，为冬季园林中常见的鸟类。

太平鸟的越冬栖息地，以针叶林及高大阔叶树为主。在繁殖期，主要以昆虫为食，秋后则以浆果为主食，偶尔也吃花楸、酸果蔓、野蔷薇、山楂、鼠李的果实及落叶松的球果。吃果实时，它们把双脚倒挂在树枝上，叼果实。叼到果实后，再像悠“单杠”那样把自己“正”过来。它们把嘴里的果实在树干上不停地敲打，直到摔碎果壳，吃到果肉，才肯消停。它们是一群贪吃的家伙，有时，竟然会撑到几乎不能飞行的地步。

太平鸟的记忆力惊人。它们会选择固定的地点、固定的树木觅食，几乎一成不变。看来，味蕾的记忆太顽固了，在这点上，鸟与贪吃的人无异。

太平鸟的性情活跃，它们不

停地在树枝上跳上飞下。但除了饮水之外，它们很少到地面活动。它们喜欢不被干扰的纯粹的“私鸟”生活，如果发现有人关注它们，就会悄悄地飞走。

太平鸟是中国传统的笼养鸟种之一。太平鸟的形象俊逸、色彩明丽。虽然它们没有动听的歌喉，但是，经过一段时间的驯化后，它们可以完成叼纸牌、取硬币、算算术、打水等杂耍节目。因而，太平鸟颇受养鸟、玩鸟者的喜爱。

仔细想一下，其实我们都应该见过太平鸟。在动物园里，时常会有定时上演的鸟类表演节目。听到高音喇叭里播放的时间表，我们跑得上气不接下气，去抢占露天看台上视野较好的座位——我们还没调匀呼吸呢，演出就开始了。要知道，赢得阵阵掌声和欢呼声的鸟中，就有太平鸟。

太平鸟特别爱干净，养鸟人都知道它们的这种习性。所以，夏季，每天给它们洗一次澡；春、秋季，每三天洗一次澡；冬季，每星期至少也得洗一次澡。太平鸟的耐寒能力极强，如果天气太热，它们反而受不了。

直到现在，太平鸟也没有实现人工饲养条件下的繁殖。所以，市场上的太平鸟都是野生的太平鸟。非法贸易造成太平鸟种群数量急骤下降，即便是野外，也难见它们的踪迹了。加之城市树种单一，以及外来物种入侵挤占，使它们的数量更少，太平鸟已经不“太平”了……

太平鸟。多吉祥的名字！希望携带着平安与吉祥的小鸟儿，也能给它们自己带去美好的福音！

[观察与思考]

太平鸟做算术，太平鸟叼纸牌，太平鸟荡秋千……仔细想想，你是否也有过看太平鸟表演的经历？你喜欢聪明如人类的太平鸟，还是喜欢在野外树枝上上下翻飞的太平鸟？

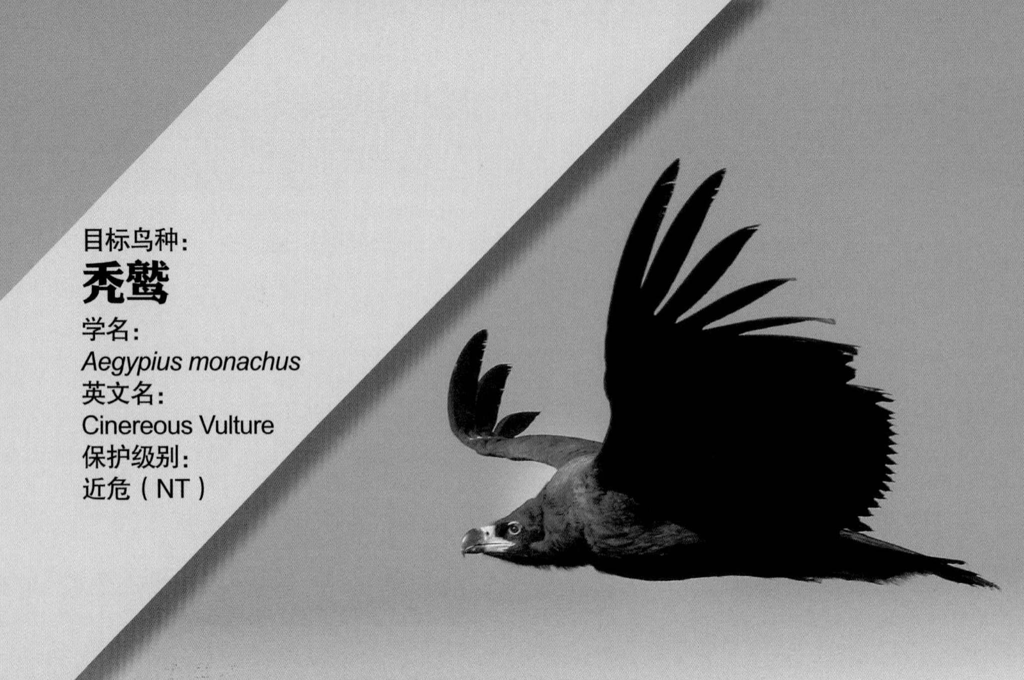

目标鸟种：
秃鹫
学名：
Aegypius monachus
英文名：
Cinereous Vulture
保护级别：
近危（NT）

秃鹫：草原上的清洁工

据湿地调查统计，我国共有湿地水鸟12目32科271种，主要有鹤类、鹭类、雁鸭类、鸻鹬类、鸥类、鹳类，还有少量的猛禽和鸣禽。今天，我们要介绍的就是猛禽中的秃鹫。

在猛禽中，秃鹫的飞翔能力是比较弱的，好在它们找到了一种节省体能的飞行方式——滑翔。这些大翅膀的鸟，在一望无际的天空悠闲平稳地滑翔着，用它们特有的感觉，寻找并依靠肉眼看不见的上升暖气流，舒舒服服地继续升高。

秃鹫的形态特殊，可供观赏，羽毛有较高的经济价值。在牧区，秃鹫尤其受到民间的保护。但是，20世纪90年代以来，常有人捕杀它们来制作标本，作为一种畸形的时尚装饰。加之秃鹫本身的繁殖能力较低，使种群受到严重破坏。

像变色龙一样，秃鹫在争食的时候，身体的颜色会发生有趣的变化。平时，它的面部为暗褐色，脖子为铅蓝色。当它正在啄食动物尸体的时候，面部和脖子就会出现鲜艳的红色。这是在警告其他的秃鹫："赶快走开，千万不要靠近，否则有你们瞧的！"如果另一只身强力壮的秃鹫气势汹汹地跑来争食，它招架不住，无可奈何地败下阵来，这时它们的面部、脖子马上变成白色。如果是趾高气扬的胜利者，它的面部和脖子就会变得红艳如火。根据秃鹫体色的变化，便可以轻松地知道哪只秃鹫的体力强了。

然而，我们更多的时候是在动物园里看到秃鹫，它们怒目金刚一般逼视着你，仿佛生来就与你有不共戴天之仇。"恶"是不是天生就有？

在野外，当我们看到秃鹫俯冲而下，双目寒气逼人，双爪紧握，那一定是它看到了草丛中动物的尸体——它的美食！难怪它们被称为

“草原上的清洁工”。

在野外有时，秃鹫不是主动猎食，而是想出“偷懒”的办法觅食。由于它们飞得高，不一定能及时发现地面上的动物尸体。这时，乌鸦、豺和鬣狗等食腐动物的出现，为它们提供了寻找食物的目标和索引——每当发现这些动物聚集在一起的时候，秃鹫就会警觉地降低飞行高度，进一步仔细侦察。一旦发现它们在分食大餐，秃鹫就会迅速降落。而周围几十千米之外的秃鹫，也会接到它们之间的神秘“信号”，以每小时100千米以上的速度接踵而至，蜂拥冲向“美味”，做一回不劳而获的强盗。

没到过青藏高原，更没亲眼见过秃鹫的风姿，所以，很难想象它们的“尊容”，更无法想象它们如何高大、凶悍、强壮。但是，一看到如“圣斗士”般的它们，还是不由自主地倒吸一口凉气。

[观察与思考]

为什么称秃鹫为“变色龙”？它们是怎么“变色”的？你还知道哪些会“变色”的动物？

目标鸟种：
红尾伯劳
学名：
Lanius cristatus
英文名：
Brown Shrike
保护级别：
无危（LC）

红尾伯劳：不说凶残

如果只以“大”“小”来论“英雄”的话，那就大错特错了！比如伯劳，具有极强的“欺骗性”！

伯劳的种类大约有60种之多。当初，知道“劳燕分飞”这个成语的时候，私下里就想，伯劳充其量也不会比燕子大多少，毕竟这个词条把它们“捆绑”一起相提并论嘛。果然，红尾伯劳体长18~21厘米，确实与燕子不相上下。但是，它们却没有燕子的温良。

红尾伯劳

上体为棕褐色或灰褐色；两翅为黑褐色；头顶为灰色或红棕色，具白色眉纹和黑色贯眼纹；尾上覆羽红棕色，尾羽棕褐色，尾呈楔形；颏、喉白色。红尾伯劳的叫声婉转悦耳，音调多变，是著名的会唱歌的鸟儿。在北方，还是“十三套百灵”的重要“叫口”之一。

从外表看，伯劳科的鸟类还算温良。你看看躺在树枝上晒太阳的红尾伯劳，还像在妈妈怀里一样撒娇呢。就那么个“小不点儿”，眼中也没有凶光，真看不出它们残忍的本来面目。可是，它们确实是性情凶猛的鸟类家族，素有“雀中猛禽”之称，还背负着“屠夫”的恶名。

伯劳与鹰一样，属于肉食性动物，有坚硬、尖利、钩状的嘴，但是没有鹰的利爪。伯劳之所以被称为“猛禽”，就是与它们个性鲜明的嘴、凶猛的性情、残忍的饮食方式有关。

那么，红尾伯劳吃什么？到底怎么捕食？

红尾伯劳的食物主要有直翅目蝗科、螽斯科、鞘翅目步甲科、金龟子科、瓢虫科、半翅目蝽科和鳞翅目昆虫，偶尔也吃少量的草籽。它们常常站在高处静静地俯视，等待时机，迅速出击。捕到美食之后，它们会把捕捉到的昆虫，展览“战利品”似的，插在仙人掌、山楂刺、铁丝网、荆棘等东西的尖刺上，然后，再一点点地撕食——想一想都惊心动魄！而棕背伯劳和灰伯劳甚至会捕食蛙、蜥蜴、小鸟和鼠类等两栖爬行动物、小型哺乳动物。

有时，不能或不想全部吃掉的食物，伯劳也用这种方式挂着。这是一种特殊的储存方式吗？就像人类的腊肉制作？

可是，令人难以置信的是，有人在仔细观察后得出结论，它们根本不喜欢吃那些风干的尸体。那么，那些“牺牲品”被晾晒于尖刺上，就只剩下“展览与炫耀”的作用和功能吗？

在一张照片中，看到一只伯劳正眼皮儿不眨地撕扯着一只老鼠的头，血淋淋的场景尤其令人不敢直视……真不敢相信，那么小的鸟儿，却具有如此强大的杀伤力！叫它们“屠夫鸟”一点儿也不为过！

别看伯劳那么强悍，但是，由于它们生活在温湿地带，常见于开阔的平原、牧场、丘陵、低山区，营巢于林缘、开阔地附近，随着环境的改变，种群数量也在逐年减少，能看到它们的机会也是越来越少了……

[观察与思考]

你能从红尾伯劳的外表看出，它是性情凶猛的鸟类吗？你还知道哪些性情凶猛的鸟类？